印制电路板
设计与制作

主 编 闫 青 贾连芹 王家敏
副主编 王占奎 袁科新 刘 芹

上海交通大学 出版社
SHANGHAI JIAO TONG UNIVERSITY PRESS

内容提要

本书以典型的应用实例为主线,介绍 Altium Designer 软件的使用方法。

本书共由 4 个项目构成,每个项目通过从简单的工作过程到复杂的工作过程,详细介绍了 Altium Designer 软件中原理图设计和印制电路板设计两部分内容。其中,原理图设计部分包括原理图设计、层次原理图设计、原理图元器件符号设计与修改等部分;印制电路板设计部分包括双面 PCB 设计、单面 PCB 设计、元器件封装设计等部分。

本书结构合理、入门简单、层次清楚、内容详实,并附有习题,可作为大中专院校电子类、电气类、计算机类、自动化类及机电一体化类专业的 EDA 教材,也可作为广大电子产品设计工程技术人员和电子制作爱好者的参考书。

图书在版编目(CIP)数据

印制电路板设计与制作 / 闫青,贾连芹,王家敏主编. —上海 : 上海交通大学出版社,2023.6
ISBN 978-7-313-28071-8

Ⅰ. ①印⋯ Ⅱ. ①闫⋯②贾⋯③王⋯ Ⅲ. ①印刷电路-电路设计-高等职业教育-教材②印刷电路-制作-高等职业教育-教材 Ⅳ. ①TN41

中国国家版本馆 CIP 数据核字(2023)第 097044 号

印制电路板设计与制作

YINZHI DIANLUBAN SHEJI YU ZHIZUO

主　　编: 闫　青　贾连芹　王家敏		**地　　址:** 上海市番禺路 951 号	
出版发行: 上海交通大学出版社		**电　　话:** 021-6407 1208	
邮政编码: 200030			
印　　制: 北京荣玉印刷有限公司		**经　　销:** 全国新华书店	
开　　本: 889mm×1194mm　1/16		**印　　张:** 15	
字　　数: 444 千字			
版　　次: 2023 年 6 月第 1 版		**印　　次:** 2023 年 6 月第 1 次印刷	
书　　号: ISBN 978-7-313-28071-8			
定　　价: 59.80 元			

前　言

本书在对相关岗位和职业能力要求调研的基础上,以实际电路板设计与制作的工作过程为导向,以培养学生从事职业岗位中的电子产品辅助设计工作所必需的专业核心能力为目标,以企业实际研发项目、典型产品案例作为本书的教学项目,有针对性地组织了基于工作过程的印制电路板设计与制作的教材内容。将印制电路板设计、印制电路板制作,以及工艺与 Altium Designer 软件操作有机地融为一体,突出培养人才的专业能力、解决实际问题的能力和职业素养,满足高等职业教育教学改革的新需求。

本书在企业调研、毕业生调研和专家论证的基础上,按照行业、企业有关岗位需要选取内容进行系统化开发,力求涵盖 PCB 设计岗位所需的有关基础知识和职业能力教学与训练内容。企业专家深度参与本书的内容打造,持续更新行业发展的新知识、新技术、新工艺、新方法,对接职业标准和岗位要求,丰富教学内容,打造项目化教材特色。本书以讲清概念、强调应用为教学目的,突出实用性、综合性、科学性、先进性,系统地讲述了印制电路板设计过程中的相关基础知识,主要内容包括 Altium Designer 软件的常用命令、常见单元电路的原理分析、原理图的绘制、印制电路板的基础知识、印制电路板设计的流程和相关规则等几部分。

本书的项目载体是从简单局部的工作过程到复杂完整的工作过程。项目 1 通过完成一个最简单的手机充电器电路的设计,使学生对原理图绘制、单面板设计与制作的流程有了整体的把握;项目 2 通过完成 USB 鼠标电路的设计,使学生具备设计带有自制元器件和自制封装的双面板的能力;项目 3 通过完成数码抢答器电路的设计,使学生具备设计复杂双面板的能力;项目 4 通过完成多路滤波器电路的设计,使学生具备设计及修改复杂多通道电路的能力。这样从简单到复杂、由外围到核心、由设计到修改和制作的教材内容组织形式,符合学生的认知规律,使学生在任务的引领下,在完成项目的过程中逐步培养专业技能和职业素质,从而降低了教材难度,符合职业院校学生学习心理和学习规律,有利于激发学生的学习兴趣,有利于电路板设计岗位职业技能的培养。

本书落实立德树人根本任务,贯彻《高等学校课程思政建设指导纲要》和党的二十大精神,将专业知识与思政教育有机结合,推动价值引领、知识传授和能力培养的紧密结合。

本书由闫青、贾连芹、王家敏担任主编,副主编为百科荣创(北京)科技发展有限公司王占奎、袁科新、刘芹,全书由闫青统稿。本书在编写过程中参考了兄弟院校、相关企业和科研院所的一些教材、资料和文献,在此向有关作者一并致谢。

由于时间仓促,加之作者能力有限,书中内容中的待改进之处,恳请广大读者和专家批评指正。此外,本书作者还为广大一线教师提供了服务于本书的教学资源库,有需要者可致电 13810412048 或发邮件至 2393867076@qq.com。

编　者

2022 年 12 月

目 录

项目 1

手机充电器电路的设计

项目概述

现如今,手机在我们日常生活和工作中所扮演的角色愈发重要,对绝大多数普通人而言手机是不可或缺的消费类电子产品。手机在日常生活和工作中所起到的作用,早已从早年间简单的通讯工具,蜕变成为现在便携的社交、娱乐、拍摄和移动办公设备。

2022 年 9 月发布的第 50 次《中国互联网络发展状况统计报告》展示了很多有意思的数据。例如,截至 2022 年 6 月,我国网民规模为 10.51 亿,互联网普及率达 74.4%。网民人均每周上网时长为 29.5 小时,较 2021 年 12 月提升了 1 小时。得益于国产智能手机和移动互联网的发展,我国网民手机上网的比例以绝对的优势领先,占比达到 99.6%。

手机和充电器就像一对亲密无间的好伙伴,即使经历了数次变迁它们依然不离不弃。回顾历史,我们可以发现充电器的充电速度越来越快,手机电池的容量也越来越大,但是我们充电的频率也越来越高。

本项目依托 Altium Designer 软件通过设计手机充电器电路的原理图和印制电路板(printed ciruit board,PCB)图来掌握简单电路的设计方法。

手机充电器电路原理图如图 1-1 所示,PCB 图如图 1-2 所示。

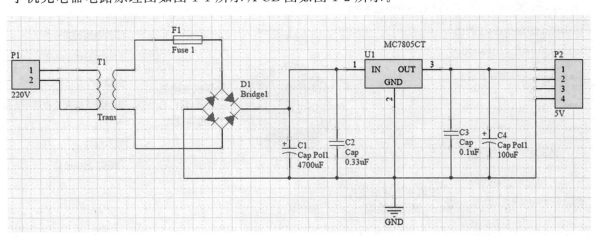

图 1-1　手机充电器电路原理图

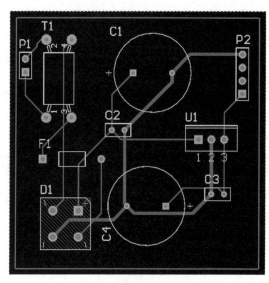

图 1-2　手机充电器电路的 PCB 图

本项目利用问题驱动法,引导掌握手机充电器的电路组成、二极管特性及电路分析等知识;通过仿真练习掌握电路设计的思路和方法,学会设计电路框架,学会分析手机充电器电路。通过该项目的学习,培养知识连通思维。在开展项目学习的过程中,提升主体意识、团体协作能力和知识卫国的情怀。

视野之窗

电子工程师职业要求:具有扎实的理论基础、丰富的电子知识、良好的电子电路分析能力。其中,硬件工程师需要有良好的动手操作能力,能熟练读图,会使用各种电子测量、生产工具;而软件工程师除了需要精通电路知识以外,还应了解各类电子元器件的原理、型号及用途,精通单片机开发技术,熟悉各种相关设计软件,会使用编程语言。另外,良好的沟通能力和团队精神也是一名优秀的电子工程师必不可少的。

项目分解

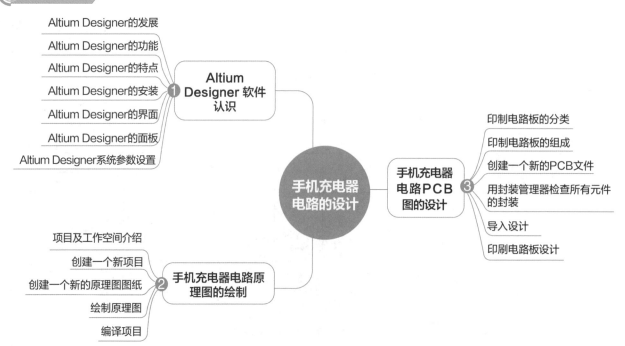

任务 1.1　Altium Designer 软件认识

学习目标

▷**知识目标**

（1）了解 Altium Designer 软件的发展及其功能。

（2）熟悉 Altium Designer 软件界面。

（3）熟悉工作区面板。

▷**能力目标**

（1）能够进行工作区面板的切换。

（2）能够设置 Altium Designer 软件参数。

（3）能够将英文编辑环境切换到中文编辑环境。

▷**素质目标**

（1）具有良好的沟通能力。

（2）具有知识卫国的情怀。

学习重点

（1）Altium Designer 软件的发展。

（2）Altium Designer 软件的功能。

（3）Altium Designer 软件的安装。

（4）Altium Designer 软件的界面设置。

学习难点

（1）认识 Altium Designer 软件。

（2）Altium Designer 软件参数设置。

任务导学

Altium Designer 软件是目前电子设计自动化（electronic design automation，EDA）行业中使用方便、操作快捷、界面人性化的辅助工具，且在中国使用较多，电子类专业的大学生在大学期间基本上学习过，所以学习资源也较广，公司招聘的新人使用此软件也比较容易上手，中国有 73％ 的工程师和 80％ 的电子类相关专业在校学生正在使用其所提供的解决方案。

（1）通过课前预习，了解 Altium Designer 软件。

（2）了解 Altium Designer 软件的发展历程，掌握 Altium Designer 软件的功能，把疑问记入讨论焦点。

（3）课中，教师从学生疑问入手，以学生为主体，讨论软件的产生与发展，重点讲解软件的功能及安装的注意事项。

（4）课中，学生熟悉 Altium Designer 软件的功能。

（5）课后，学生在自己电脑上进行软件的安装操作。

任务实施与训练

▷问题驱动

（1）Altium Designer 在什么情况下出现？

（2）Altium Designer 的界面是什么样的？

（3）Altium Designer 的面板是什么？

（4）你理解 Altium Designer 的系统参数设置吗？

1.1.1 Altium Designer 的发展

Altium Designer 是 Altium 公司（澳大利亚）继 Protel 系列产品（Tango1988、Protel for DOS、Protel for Windows 、Protel 98、Protel 99、Protel 99 SE、Protel DXP、Protel DXP 2004）之后推出的又一高端设计软件。

Altium 公司的前身为 Protel 国际有限公司，由 Nick Martin 于 1985 年始创于澳大利亚塔斯马尼亚州霍巴特，该公司致力于开发基于个人计算机的软件，为印制电路板提供辅助设计。公司总部位于澳大利亚悉尼。

1991 年，Protel 国际有限公司推出 Protel for Windows。

1998 年，Protel 国际有限公司推出 Protel 98，它是第一个包含 5 种核心模块的 EDA 工具，这 5 种核心 EDA 工具包括原理图输入、可编程逻辑元器件设计、仿真、板卡设计和自动布线。

1999 年，Protel 国际有限公司推出 Protel 99，其功能进一步完善，可以构成从电路设计到板级分析的完整体系。

2000 年，Protel 国际有限公司推出 Protel 99 SE，其性能又进一步提高，可对设计过程有更大的控制力。

2001 年，Protel 国际有限公司变更为 Altium 公司。Altium 公司整合了多家 EDA 软件公司，成为业内的巨无霸。

2002 年，Altium 公司推出 Protel DXP，Protel DXP 引进"设计浏览器（DXP）"平台，允许对电子设计的各方面（如设计工具、文档管理、元器件库等）进行无缝集成，它是 Altium 建立涵盖所有电子设计技术的完全集成化设计系统理念的起点。

2004 年，Altium 公司推出 Protel 2004，对 Protel DXP 进一步完善。

2006 年，Altium 公司推出新品 Altium Designer 6.0，经过 Altium Designer 6.3、Altium Designer 6.6、Altium Designer 6.7、Altium Designer 6.8、Altium Designer 6.9、Altium Designer Summer 08、Altium Designer Winter 09、Altium Designer Summer 09、Altium Designer 10 等版本升级，截至 2022 年，该公司已经推出 22 版本。

Altium Designer 提供一体化的电子设计环境，在单一应用程序中即可完成全部产品研发。一系列独特的设计技术连同 Altium Live、Altium Concord Pro、Altium Nexus 构成了 Altium 设计生态系统，帮助电子设计人员轻松使用最新的元器件与技术进行创新，从设计生态环境的层面来管理项目，实现智能、互联的产品设计。

1.1.2 Altium Designer 的功能

Altium Designer 将原理图编辑与仿真、PCB 图绘制及打印等功能有机地结合在一起，形成了一个集成的开发环境。在这个环境中,所谓的原理图编辑,就是对电子电路进行原理图设计,它是通过原理图编辑器实现的,同时由它生成的原理图文件为印制电路板的制作做了准备工作。所谓原理图仿真,就是通过软件来模拟具体电路的实际工作过程,并计算出给定条件下各个节点的输出波形,这样可提前发现电路中存在问题,大大减少以后的调试工作量。所谓 PCB 图绘制,就是印制电路板的设计,它是通过 PCB 编辑器来实现的,其生成的 PCB 文件将直接应用到印制电路板的生产中。

1. 电路原理图设计

主要包括原理图编辑器和原理图模型库编辑器两部分,功能如下:

(1)绘制和编辑电路原理图等;

(2)制作和修改原理图元器件符号或元器件库等;

(3)生成原理图与元器件库的各种报表。

2. 印制电路板设计

主要包括 PCB 图编辑器和封装模型库编辑器两部分,功能如下:

(1)印制电路板设计与编辑;

(2)元器件的封装制作与管理;

(3)板型的设置与管理。

3. 电路仿真

Altium Designer 的混合电路信号仿真工具,在电路原理图设计阶段实现对数模混合信号电路的功能设计仿真,配合简单易用的参数配置窗口,完成基于时序、离散度、信噪比等多种数据的分析。Altium Designer 可以在原理图中提供完善的混合信号电路仿真功能,除了支持 XSPICE 标准,还支持对 PSPICE 模型和电路的仿真。

Altium Designer 中的电路仿真是真正的混合模式仿真器,可以用于模拟和数字元器件的电路分析。仿真器采用由乔治亚技术研究所开发的增强版事件驱动型 XSPICE 仿真模型,该模型基于伯克里 SPICE 3 代码,并且与 SPICE3 f5 完全兼容。

4. 可编程逻辑电路设计

Altium Designer 加入了 FPGA 设计的功能,可以支援 VHDL、Verilog 或以电路图设计 FPGA,甚至是 C 语言的混合式设计,可以选定自己喜爱的设计方式完成用户的 FPGA 功能;也加入了嵌入式软体设计,选择 Processor Softcore,建立起以 FPGA 为基础的 SOC,在此之上撰写与执行用户的软体程式。Altium Designer 可自由替换不同 FPGA 供应商芯片的子板。为了搭配 FPGA 设计功能,Altium Designer 推出了功能强大的 Nano Board 开发平台,拥有完整的硬体装置界面,让用户更方便快速地验证 FPGA 设计结果,并且不局限于任何的 FPGA 元器件供应商,使用户的 FPGA 专案设计可以高度移植到不同厂商的装置,如 Actel、Altera、Lattice 或 Xilinx 等 FPGA 芯片。

5. 信号完整性分析

在高速数字系统中,由于脉冲上升/下降时间通常在十到几百皮秒,当受到诸如内连、传输时延和电源噪声等因素的影响时,会造成脉冲信号失真的现象。

在自然界中,存在各种各样频率的微波和电磁干扰源,可能由于很小的差异导致高速系统设计的失败。在电子产品向高密和高速电路设计方向发展的今天,解决一系列信号完整性的问题,成为当前每一个电子设计者所必须面对的问题。业界通常会采用在 PCB 制板前期,通过信号完整性分析工具尽可能将设计风险降到最低,从而也大大促进了 EDA 设计工具的发展。

信号完整性问题是指高速数字电路中,脉冲形状畸变而引发的信号失真问题,通常是由传输线阻抗不匹配产生的问题。

阻抗匹配主要用于传输线上,信号源内阻与所接传输线的特性阻抗大小相等且相位相同,或传输线的特性阻抗与所接负载阻抗的大小相等且相位相同,分别称为传输线的输入端处于匹配状态和传输线的输出端处于阻抗匹配状态,简称阻抗匹配。

信号完整性问题通常不是由某个单一因素导致的,而是板级设计中多种因素共同作用的结果。信号完整性问题的主要表现形式包括信号反射、信号振铃、地弹、串扰等几类。

在 Altium Designer 设计环境下,用户既可以在原理图中又可以在 PCB 编辑器内实现信号完整性分析,并且能以波形的方式在图形界面下给出反射和串扰的分析结果。

1.1.3 Altium Designer 的特点

Altium Designer 是一套完整的板卡级设计系统,实现了在单个应用程序中的集成。它的主要特点如下。

(1)通过设计文件包的方式,将原理图编辑、电路仿真、PCB 设计及打印这些功能有机地结合在一起,提供了一个集成开发环境。

(2)提供了混合电路仿真功能,为正确设计实验原理图电路中的某些功能模块提供了方便。

(3)提供了丰富的原理图元器件库和 PCB 封装库,并且为设计新的元器件提供了封装向导程序,简化了封装设计过程。

(4)提供了层次原理图的设计方法,支持"自上向下"的设计思想,使大型电路设计的工作组开发方式成为可能。

(5)提供了强大的查错功能。原理图中的电气法则检查(ERC)工具和 PCB 的设计规则检查(DRC)工具能帮助设计者更快地查出和改正错误。

(6)全面兼容 Protel 系列以前版本的设计文件,并提供了 Altium Designer 格式文件的转换功能。

(7)提供了全新的 FPGA 设计的功能。

(8)利用可复用的设计模块,可以在更高的抽象层面上构建系统,不需要再从底层构建每个电路图。

1.1.4 Altium Designer 的安装

1. 软件安装

(1)打开文件夹,如图 1-3 所示,双击"installer. Exe"文件。

名称	修改日期	类型	大小
Altium Cache	2022/3/16 22:26	文件夹	
Crack	2022/3/16 22:26	文件夹	
Extensions	2022/3/16 22:26	文件夹	
Metadata	2022/3/16 22:26	文件夹	
autorun.inf	2022/3/16 16:55	安装信息	1 KB
eula.zip	2022/3/16 16:54	WinRAR ZIP 压...	3,526 KB
Extensions.ini	2022/3/16 16:55	配置设置	3 KB
Installer.Exe	2022/3/10 19:53	应用程序	27,195 KB

图 1-3 安装文件操作

（2）弹出对话框、进入欢迎界面，如图 1-4 所示，单击"Next"按钮。

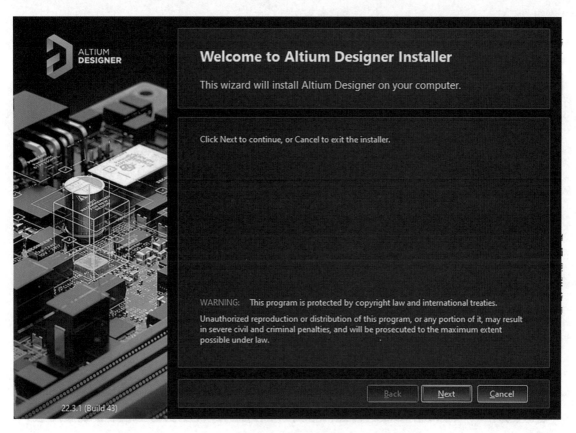

图 1-4　欢迎界面

（3）在弹出的对话框中，按图 1-5 所示选择语言和接受事项，然后单击"Next"按钮。

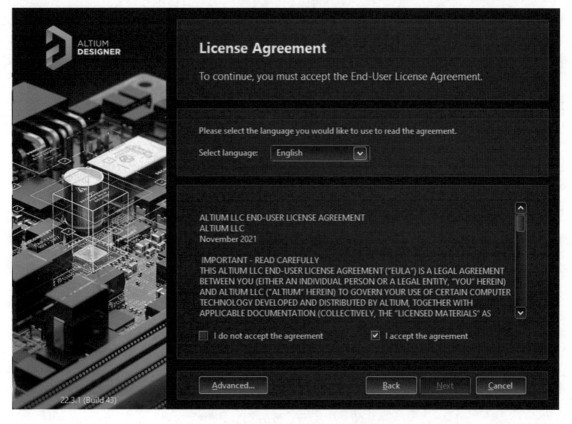

图 1-5　选择语言、接受事项对话框

（4）弹出选择安装组件对话框，如图 1-6 所示，选择要安装的组件，建议选择默认即可，然后单击"Next"按钮。

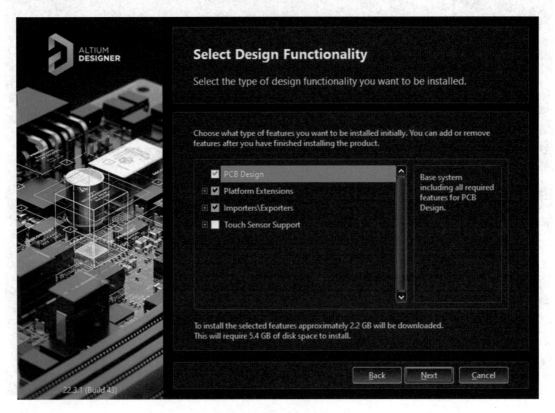

图 1-6　选择安装组件对话框

（5）弹出选择安装路径对话框，如图 1-7 所示，推荐安装在 D 盘。

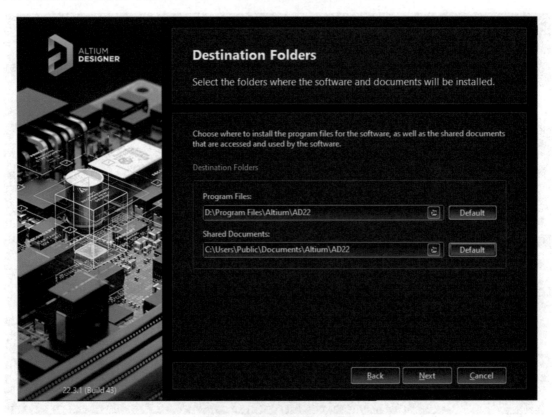

图 1-7　选择安装路径对话框

修改后的效果界面,如图 1-8 所示。

图 1-8　修改安装路径后的效果

建议都安装在一个文件夹里,例如 D:\Program Files\Altium\AD22。

(6)弹出是否参加客户体验改善计划界面,如图 1-9 所示,根据需要选择是否参加。

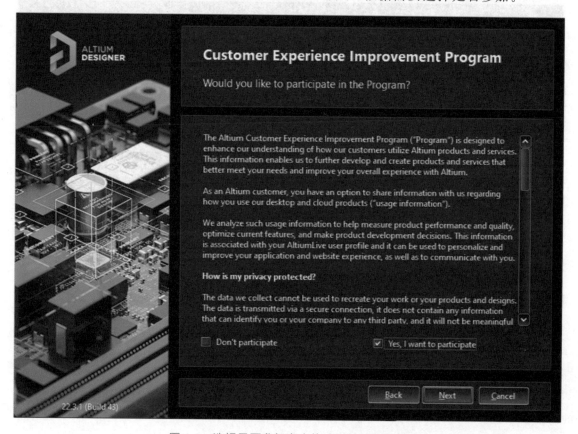

图 1-9　选择是否参加客户体验改善计划界面

（7）弹出准备安装的对话框界面，如图 1-10 所示，保持默认即可，然后单击"Next"按钮。

图 1-10　进行安装

正在安装软件界面，如图 1-11 所示。

图 1-11　正在安装软件界面

（8）安装完成后，界面如图1-12所示，单击"Finish"按钮。

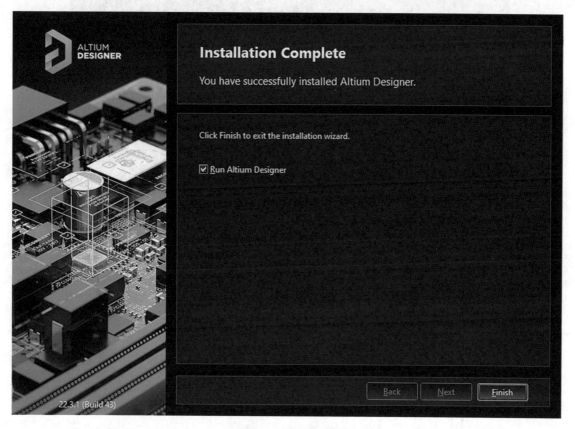

图1-12 完成安装界面

2.软件激活

Altium Designer 软件安装完成后，安装程序自动在开始菜单中放置一个启动软件的快捷方式，单击"Altium Designer"按钮，即可启动 Altium Designer 软件。

启动完成后会出现许可管理窗口，如图1-13所示。然后登录 Altium 账号，用户需要 Altium 账号的登录密码，如图1-14所示。用户可以联络当地 Altium 销售和支持中心或供应商获取登录信息。

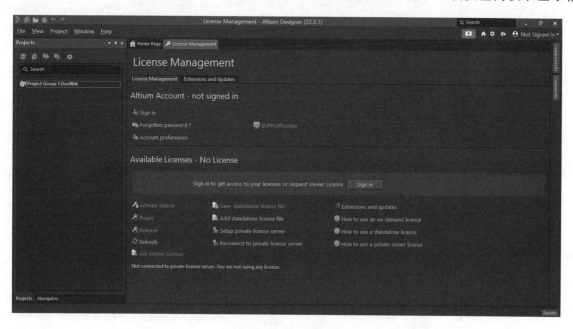

图1-13 许可管理窗口

图 1-14　输入账号与密码

登录成功后,用户可以按照需要对软件在线进行激活。软件被激活后,用户就可以使用软件提供的所有功能进行电子产品的设计了。

1.1.5 Altium Designer 的界面

Altium Designer 启动时会显示启动界面,随后进入软件主页面,如图 1-15 所示,用户可以使用该页面进行项目文件的操作,如创建新项目、打开文件、配置等。该系统界面由系统主菜单、浏览器工具栏、系统工具栏、工作区和工作区面板五大部分组成。

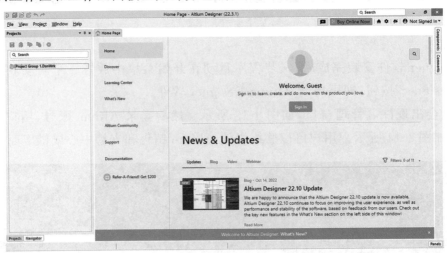

图 1-15　软件主页面

1.系统主菜单

系统主菜单位于软件界面的上方左侧,具体如图 1-16 所示。启动软件后,系统显示"File(文件)"、"View(视图)"、"Project(项目)"、"Window(窗口)"和"Help(帮助)"

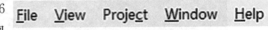

图 1-16　系统主菜单

等基本操作菜单项,用户使用这些菜单项内的命令选项可以设置 Altium Designer 中的系统参数,新建各类项目文件,启动对应的设计模块。当设计模块被启动后,主菜单将会自动更新以匹配设计模块。

2.系统工具栏

系统工具栏位于系统主菜单上方,由快捷工具按钮组成,如图 1-17 所示。单击这些按钮等同于选择相应的菜单命令。

图 1-17　系统工具栏

1.1.6 Altium Designer 的面板

在系统标签中的面板有两种分类:一类是在任何编辑环境中都有的面板,如元器件库文件(Components)面板和项目(Projects)面板;另一类是在特定的编辑环境中才会出现的面板,如 SCH 编辑环境中的"SCH Filter"面板。

1.面板的访问

软件初次启动后,一些面板已经打开,比如"Projects"控制面板以面板组合的形式出现在应用窗口的左边,"Components"控制面板以弹出的方式和按钮的方式出现在应用窗口的右侧边缘处。另外,在应用窗口的右下端有"Panels"按钮,单击弹出的菜单中显示的各种面板的名称,可以选择访问各种面板,除了直接在应用窗口上选择相应的面板,也可以通过主菜单"View"→"Panels"选择相应的面板。

2.面板的管理

面板显示模式有三种,分别是:

Docked Mode(停靠模式),如图 1-18 所示,其中"Projects"面板为纵向停靠模式;

Pop-out Mode(弹出模式),如图 1-19 所示,其中"Components"面板为弹出模式;

Floating Mode(浮动模式),如图 1-20 所示,其中"SCH Filter"面板为浮动模式。

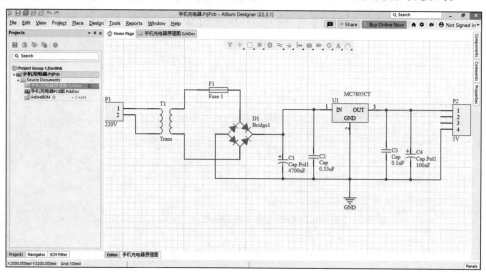

图 1-18 面板停靠模式

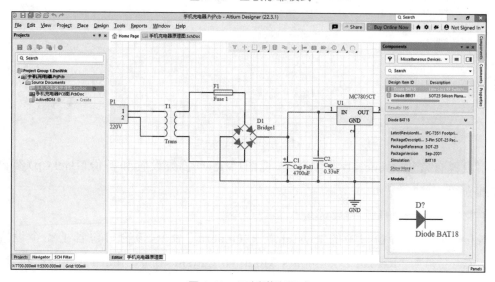

图 1-19 面板弹出模式

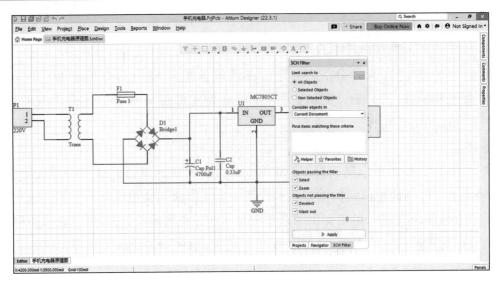

图 1-20　面板浮动模式

1.1.7　Altium Designer 系统参数设置

用户执行菜单栏的"Tools"→"Preferences"命令,系统将弹出如图 1-21 所示的系统参数设置对话框。对话框具有树状导航结构,可对 15 个选项内容进行设置,现在主要介绍系统相关参数的设置方法。

图 1-21　系统参数设置对话框

这里常用设置有常规(General)参数设置、视图(View)参数设置和备份(Backup)参数设置几种,下面进行详细介绍。

1.切换英文编辑环境到中文编辑环境

执行"Preferences"设置窗口中的"System"→"General"命令,该窗口包含了 4 个设置区域,分别是"Startup"、"General"、"Reload Documents Modified Outside of Altium Designer"和"Localization"区域,如图 1-22 所示。

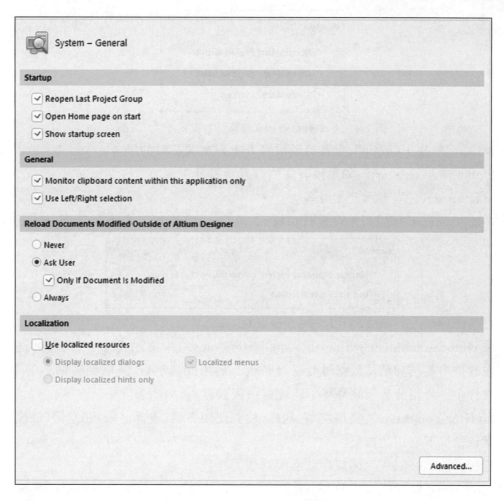

图 1-22　设置 System 选项

在"Localization"区域中，选择"Use localized resources"复选框，系统会弹出提示框，单击"OK"按钮。然后在"System-General"设置界面中单击"Apply"按钮，使设置生效。再单击"OK"按钮，退出设置界面，关闭软件。重新进入系统，即可进入中文编辑环境，如图 1-23 所示。

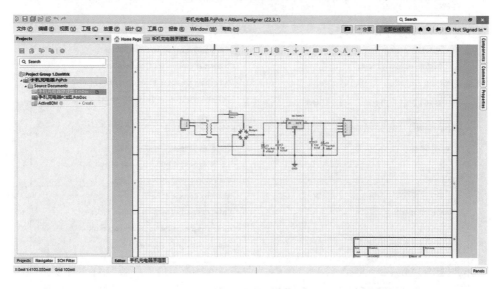

图 1-23　中文编辑环境

2. System-General 选项卡

选项卡中的"Startup"区域用来设置启动时的状态，具体如图 1-24 所示。

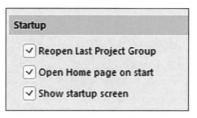

图 1-24　System-General 选项卡中的"Startup"区域

"Reopen Last Project Group"：重新启动时打开上一次关机时的屏幕。

"Open Home page on start"：如果没有文档打开就打开主页。

"Show startup screen"：显示开始屏幕。

选项卡中的"General"区域用来设置剪切板、系统字体、字形和字体大小等，具体如图 1-25 所示。

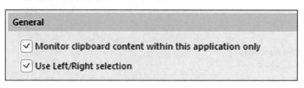

图 1-25　System-General 选项卡中的"General"区域

"Monitor clipboard content within this application only"：本应用程序中查看剪切板的内容。启用此选项可在软件中复制和粘贴数据时监视剪贴板。启用此选项后，复制到剪贴板的不兼容数据将不会粘贴在软件中。禁用此选项软件将不监视剪贴板数据。

"Use Left/Right selection"：使用左/右选择，检查使用右侧（内部区域）和左侧（触摸矩形）选择所有编辑器。默认情况下启用此选项。

3．调整面板弹出、隐藏速度，调整浮动面板的透明程度

执行"Preferences"设置窗口中的"System "→"View"命令，在"Popup Panels"区域中拉动滑条。"Popup delay"是调整面板弹出延时，"Hide delay"是隐藏延时，滑条越往左越快，越往右越慢，如图 1-26所示。

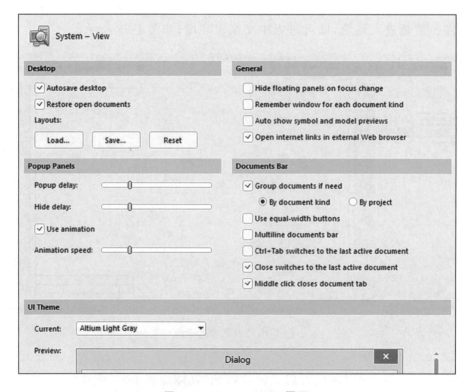

图 1-26　System-View 界面

调整浮动面板的透明程度设置如下。

执行"Preferences"设置窗口中的"System "→"Transparency"命令,选择"Transparency"下的复选框,即选择使用面板在操作的过程中,使浮动面板透明化。选择"Dynamic transparency"(自动调整透明化程度)复选框,即在操作的过程中,光标根据窗口间的距离自动计算出浮动面板的透明化程度,也可以通过下面的滑条来调整浮动面板的透明程度。

4. Default Locations 选项卡

本选项卡用来设置系统默认的文件路径,具体如图 1-27 所示。

Default Locations

You can specify default locations for your documents and libraries. These paths will be referenced when opening documents or searching for libraries.

Document Path	D:\课件\PCB\例子
Library Path	D:\Program Files\Altium\AD22\Library\
OutputJob Path	D:\PROGRAM FILES\ALTIUM\AD22\OutputJobs

图 1-27   Default Locations 选项卡

"Document Path":编辑框用于设置系统打开或保存文档、项目和项目组时的默认路径。用户直接在编辑框中输入需要设置的目录的路径,或者单击右侧的按钮,打开"浏览文件夹"对话框,在该对话框内指定一个已存在的文件夹,然后单击"确定"按钮即可完成默认路径设置。

"Library Path":编辑框用于设置系统的元器件库目录的路径。

软件默认的都是 C 盘下的路径,建议改成自己的对应文件夹。

5. 系统备份设置

执行"Preferences"设置窗口中的"Data Management "→"Backup"命令,弹出如图 1-28 所示的对话框。

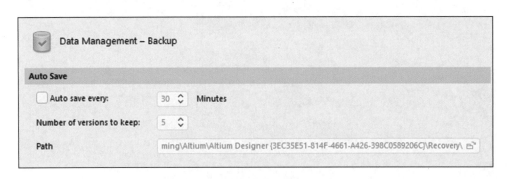

Data Management – Backup

Auto Save

Auto save every:	30	Minutes
Number of versions to keep:	5	
Path	ming\Altium\Altium Designer {3EC35E51-814F-4661-A426-398C0589206C}\Recovery\

图 1-28   系统备份设置

"Auto Save":该设置框主要用来设置自动保存的一些参数。

选中"Auto save every"复选框,可以在时间编辑框中设置自动保存文件的时间间隔,最长时间间隔为 120 分钟。

"Number of versions to keep":该设置框用来设置自动保存文档的版本数,最多可保存 10 个版本。

"Path":用于设置保存的文件的路径,默认是 C 盘下的路径,建议改成自己的对应文件夹。

学习反思

以小组为单位开展学习反思。

在本任务的学习中,讨论焦点的问题是不是都已经释疑? 你都掌握了哪些知识和技能? 你认为最让你充满学习热情的环节是什么?

任务作业

1. 练习 Altium Designer 软件的安装。

2. 启动 Altium Designer 软件,注意观察启动过程。

3. 打开安装盘下 Examples 的例子,初步了解电路原理图、PCB。

4. 熟悉 Altium Designer 软件的界面。

任务 1.2　手机充电器电路原理图的绘制

学习目标

▶**知识目标**

(1)熟悉项目及工作空间的概念。

(2)掌握原理图绘制的基本流程。

(3)掌握电路原理图中的错误原因。

▶**能力目标**

(1)能够创建一个新的项目。

(2)能够创建一个新的原理图图纸。

(3)能够绘制电路原理图。

(4)能够检查设计电路图中的错误。

▶**素质目标**

(1)培养专注的做事态度。

(2)培养尽职尽责的职业精神。

学习重点

基于 Altium Designer 的电路原理图绘制。

学习难点

(1)绘制电路原理图。

(2)检查设计电路图中的错误。

任务导学

由于原理图在绘制过程中引入的全部是符号,没有涉及实物,因此原理图上没有任何尺寸概念。原理图最重要的用途就是为 PCB 板设计提供元器件信息和网络信息,并帮助用户更好地理解设计原理。

电路原理图,即为电路板在原理上的表现,它主要由一系列具有电气特性的符号构成,通过导线建立电气连接。依托 Altium Designer 进行原理图绘制的流程如图 1-29 所示。

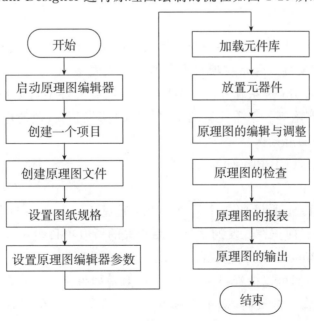

图 1-29　原理图绘制流程

本任务是利用 Altium Designer 进行手机充电器电路原理图(见图 1-30)的绘制,电路原理分析如下:输入交流 220V 电压,经过变压器后变为交流 8～15V 电压,中间经过 4 个二极管进行整流,再将经过 C1、C2 滤波后的比较稳定的直流电送到三端稳压集成电路 MC7805CT ,最后以稳定 5V 的电压输出。

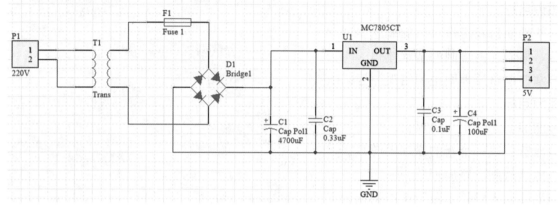

图 1-30　手机充电器电路原理图

(1)通过课前预习,了解手机充电器电路原理图的绘制。

(2)掌握手机充电器电路原理图的绘制方法,把疑问记入讨论焦点。

(3)课中,教师从学生疑问入手,以学生为主体,展开知识分析。

(4)教师引导学生以组为单位,突破讨论焦点中的问题并对学习效果进行考核。

(5)教师重点就电路绘制环节对学生进行考核,学生助教汇总本任务的考核结果。

(6)课后,学生完成触摸式防盗报警电路的设计。

任务实施与训练

▷问题驱动

(1)Altium Designer 的原理图是什么样的? 与其他软件绘制的原理图有何区别?

(2)Altium Designer 的项目及工作空间的概念是什么?

(3)你理解使用 Altium Designer 绘制电路原理图的方法吗?

1.2.1 项目及工作空间介绍

1.项目

项目是每项电子产品设计的基础,在一个项目文件中包括设计中生成的一切文件,比如原理图文件、PCB 图文件、各种报表文件及保留在项目中的所有库或模型。

一个项目文件类似 Windows 系统中的"文件夹",在项目文件中可以执行对文件的各种操作,如新建、打开、关闭、复制与删除等。但需注意的是,项目文件只起到管理的作用,在保存文件时,项目中的各个文件是以单个文件的形式保存的。

项目主要是 PCB 项目(PCB Project)。

2.工作空间

Workspace(工作空间)比项目高一个层次,可以通过 Workspace 连接相关项目,设计者通过 Workspace 可以轻松访问目前正在开发的某种产品相关的所有项目。

Workspace 在 PCB Project 中可有可无。Workspace 就相当于一张桌子,而 PCB Project 就相当于一份资料。没有桌子,人们可以把资料拿在手上看,但是如果资料多了,这样就不方便了,这时如果有了桌子,在一张桌子上放一份资料,需要看哪份资料,人们直接在哪张桌子上去找,这样就方便多了。

1.2.2 创建一个新项目

1. 新建项目

在菜单栏执行"File"→"New"→"Project..."命令,如图 1-31 所示。

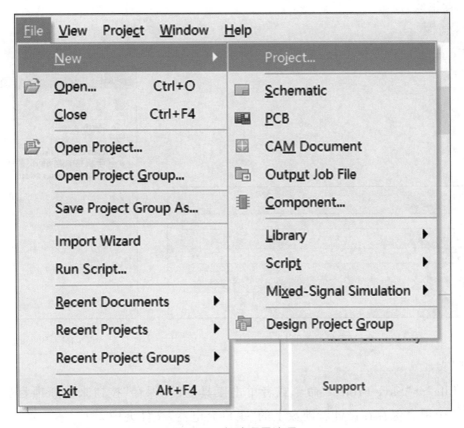

图 1-31　新建项目选项

系统出现如图 1-32 所示的"Create Project"窗口。

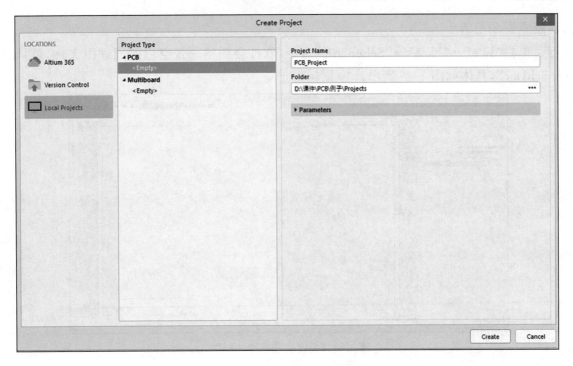

图 1-32　"Create Project"窗口

如图 1-32 所示"Project Name"区域的功能是设定 PCB Project 的名字,这里可以命名为"手机充电器"。

"Folder"区域是设定文件存放的路径,单击右侧"…"按钮修改存放路径,这里建议修改成自己的特定文件夹,在设定新建文件的同时生成同名的文件夹。修改完成后的窗口如图 1-33 所示,单击"OK"按钮让设置生效。

2. Projects 面板

软件的"Projects"面板发生变化,如图 1-34 所示。

图 1-33　修改完成后的窗口

图 1-34　Projects 面板

3. 保存项目文件

通过执行"File"→"Save Project"命令或者单击工具栏的"保存"按钮来将新项目保存(扩展名为.PrjPCB)。把这个项目保存在设计者硬盘上的"手机充电器"文件夹中。

1.2.3 创建一个新的原理图图纸

1. 新建原理图图纸

执行菜单栏"File"→"New"→"Schematic"命令,软件会新建一张空白的原理图文件,默认名字为"Sheet1.SchDoc",具体如图 1-35 所示。

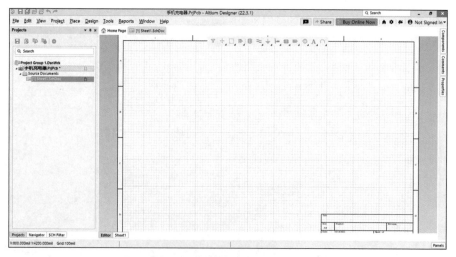

图 1-35　新建空白原理图文件

2.保存原理图文件

通过执行"File"→"Save As"命令将新原理图文件重命名(扩展名为"＊.SchDoc"),命名为"手机充电器原理图.SchDoc"。

如果设计者添加到一个项目文件中的原理图图纸是作为自由文件被打开的,如图 1-36 所示,那么在"Projects"面板的"Free Documents"单元"Source Documents"文件夹下用鼠标拖曳要移动的文件"Sheet1.SchDoc"到目标项目文件夹下的"Source documents"上即可。

图 1-36 自由文件夹下的原理图

3.进行一般的原理图参数设置

(1)从菜单执行"Tools"→"Preferences"命令,打开原理图参数对话框,如图 1-37 所示。这个对话框允许设计者设置全部参数,这些设置将应用到设计者继续工作的所有原理图图纸上(具体设置将在后面详细介绍),在此唯一需要修改的是将图纸大小(Sheet Size)设置为标准 A4 格式。

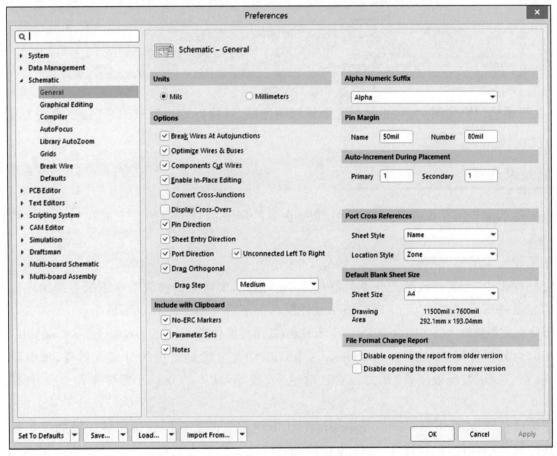

图 1-37 原理图参数对话框

(2)在图 1-37 的对话框左边的目录中执行"Schematic"→"Defaults"(常用图件默认值),勾选"Permanent"选项,具体如图 1-38 所示,单击"OK"按钮关闭对话框。

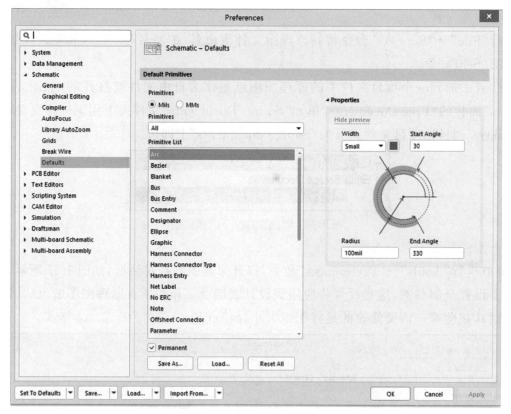

图 1-38　Defaults 对话框

（3）在开始绘制原理图之前，要保存这个原理图图纸，可执行"File"→"Save"命令或按工具栏上的
🔳图标。

1.2.4 绘制原理图

一张完整的原理图是由各种元器件、连线及必要的网络标号组成的。下面我们来学习具体的绘图过程。

1.在原理图中放置元器件

针对软件来说，元器件放置于各类元器件库中。因此，要将元器件放置在图纸上必须先加载元器件所在的元器件库。其中 Altium Designer 软件默认加载的元器件库有以下两个：

常用分立元器件库 Miscellaneous Devices. IntLib；常用接插件库 Miscellaneous Connectors. IntLib。

常用分立元器件库 Miscellaneous Devices. IntLib 中存放的是常用的分离元器件，如电阻、电容、电感、二极管、三极管、场效应管、开关、晶振、电池、天线等，具体的分立元器件在附录 1 中有详细的说明。

常用接插件库 Miscellaneous Connectors. IntLib 中存放的是常用的接插件。接插件是指连接电路板和其他设备的器件，比如排针、DB9 串口接头、DB25 并口接头之类。

（1）放置四个电容 C1、C2、C3、C4。

①从菜单执行"View"→"Fit Document"命令确认设计者的原理图纸显示在整个窗口中。

②单击"Components"标签以显示"Components"面板，如图 1-39 所示。

③C1 和 C4 是有极性的电容"Cap Pol1"，C2 和 C3 是无极性的电容"Cap"。因为电容放在"Miscellaneous Devices. IntLib"集成库内，所以在"Components"面板的▼栏内，从库下拉列表中选择"Miscellaneous Devices. IntLib"来激活这个库。

④使用过滤器快速定位设计者需要的元器件。默认通配符"search"可以列出所有能在库中找到

的元器件。在库名下的过滤器栏内输入"cap"设置过滤器,将会列出所有包含"cap"的元器件。

⑤在列表中单击"Cap Pol1"选项,然后右击出现快捷菜单后执行"Place Cap Pol1"命令。另外,还可以双击元器件名,光标将变成十字状,并且在光标上"悬浮"着一个电容的轮廓。现在设计者处于元器件放置状态,如果设计者移动光标,电容轮廓也会随之移动。

⑥在原理图上放置元器件之前,首先要编辑其属性。在电容悬浮在光标上时,按"Tab"键,将弹出"Properties"(元器件属性)面板,设置对话框选项如下图1-40所示。

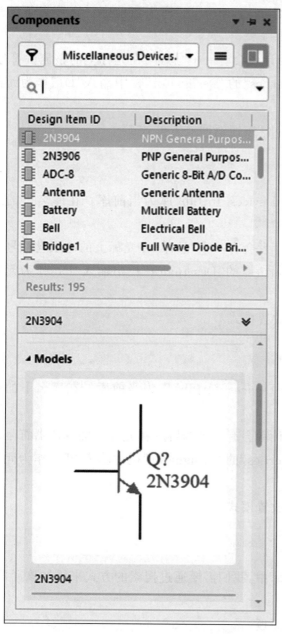

图 1-39　Components 面板

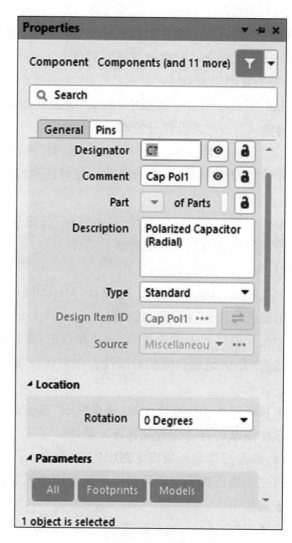

图 1-40　Properties(元器件属性)设置对话框

⑦在对话框"Properties"的"Designator"栏中输入"C1"作为第一个元器件序号。

使用"Comment"栏可以输入元器件的描述,例如 Cap Pol1 或者 4700uF。当原理图与 PCB 图同步时,这一栏的值将更新到 PCB 文件中。

⑧PCB 元器件的内容由原理图映射过去,所以在"Parameters"栏将 C1 的值(Value)改为 4700uF。

⑨检查在 PCB 中用于表示元器件的封装。在本项目中,我们已经使用了集成库,这些库已经包

括了封装和电路仿真的模型。确认在模型列表中"Models"含有模型名 RB7.6-15 的封装,保留其余栏为默认值,并单击"OK"按钮关闭对话框。

⑩按"SPACEBAR"(空格键)可以将电容旋转 90°,将光标移动到图纸的合适位置,单击鼠标放置元器件。

⑪使用同样的方法放置 C4、C2、C3。注意 C2、C3 为无极性电容"Cap"。

(2)放置整流桥(Bridge1)。

①在"Components"面板中,确认"Miscellaneous Devices. IntLib"库为当前库。在库名下的过滤器栏里输入"bridge"来设置过滤器。

②在元器件列表中选择"Bridge1"并双击,现在设计者会有一个"悬浮"在光标上的整流桥符号。

③按"Tab"键编辑电阻的属性。在对话框"Properties"的"Designator"栏中输入"D1"作为元器件序号。

④在模型列表中确定封装模型为"D-38",单击"OK"按钮返回放置模式。

⑤在图纸的合适位置放置该元器件。

(3)放置电阻丝(Fuse)。

①在"Components"面板中,确认"Miscellaneous Devices. IntLib"库为当前库。在库名下的过滤器栏里输入"fuse"来设置过滤器。

②在元器件列表中选择"Fuse1"并双击,现在设计者会有一个"悬浮"在光标上的电阻丝符号。

③按"Tab"键编辑电阻的属性。在对话框"Properties"的"Designator"栏中输入"F1"作为元器件序号。

④在模型列表中确定封装,单击"OK"按钮返回放置模式。

⑤在图纸的合适位置放置该元器件。

(4)放置变压器(Trans)。

①在"Components"面板中,确认"Miscellaneous Devices. IntLib"库为当前库。在库名下的过滤器栏里输入"trans"来设置过滤器。

②在元器件列表中选择"Trans"并双击,现在设计者会有一个"悬浮"在光标上的变压器符号。

③按"Tab"键编辑电阻的属性。在对话框"Properties"的"Designator"栏中输入"T1"作为元器件序号。

④在模型列表中确定封装,单击"OK"按钮返回放置模式。

⑤在图纸的合适位置放置该元器件。

(5)放置三端稳压集成电路(MC7805CT)。

该三端稳压集成电路元器件不在常用的元器件库中,我们需要通过搜索的方式来添加该元器件,具体步骤如下。

①单击"Components"标签,显示"Components"面板。

②在"Components"面板中单击 ≡ 按钮,弹出对话框选择"File-based Libraries Search…"选项,如图 1-42 所示。

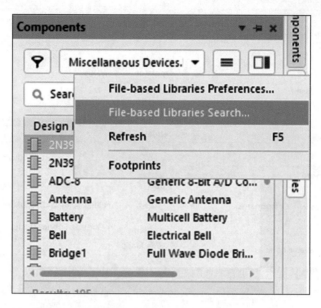

图 1-42　选择 File-based Libraries Search... 选项

弹出"File-based Libraries Search"对话框,如图 1-43 所示。

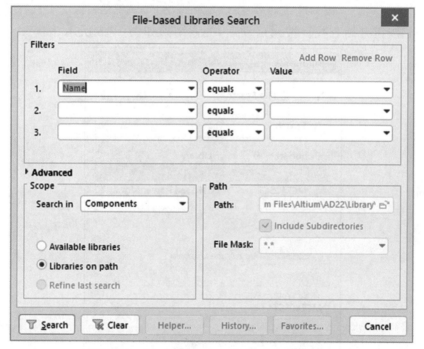

图 1-43　File-based Libraries Search 对话框 1

③对于本例必须确认在"Scope"设置中,"Search in"选择为"Components"(对于库搜索存在不同的情况,使用不同的选项)。必须确认在"Scope"设置中,选择"Libraries on Path"单选按钮,并且"Path"包含了正确的连接到库的路径。

如果用户接受安装过程中的默认目录,路径中会显示 C:\Program Files\Altium\AD22\Library。可以通过单击文件浏览按钮来改变库文件夹的路径。还需要确保已经选中"Include Subdirectories"复选框。

④在"Filters"栏目的"Field"列的第 1 行选择"Name","Operator"列选择"Contains","Value"列输入元器件名,如图 1-44 所示。

印制电路板设计与制作

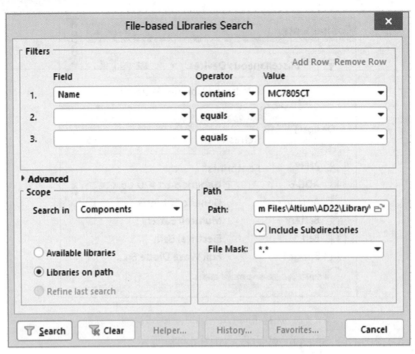

图 1-44 File-bassed Libraries Search 对话框 2

⑤单击"Search"按钮开始查找。搜索启动后,搜索结果如图 1-45 所示。

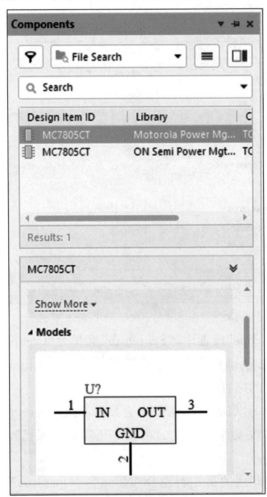

图 1-45 搜索结果

⑥单击"Place MC7805CT"按钮,弹出"Confirm"对话框,如图 1-46 所示,确认是否安装元器件 MC7805CT 所在的库文件"Motorola Power Mgt Voltage Regulator.IntLib",单击"Yes"按钮,即安装

该库文件。

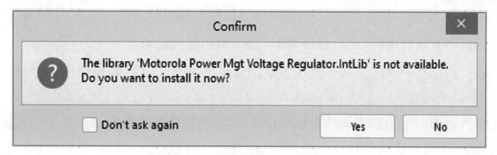

图 1-46　确认是否安装库文件

⑦现在设计者会有一个"悬浮"在光标上的三端稳压集成电路符号,按"Tab"键编辑电阻的属性。在对话框"Properties"的"Designator"栏中输入"U1"作为元器件序号。

⑧在模型列表中确定封装,单击"OK"按钮返回放置模式。

⑨在图纸的合适位置放置该元器件。

(6)放置连接器(Connector)P1 和 P2。

连接器在 Miscellaneous Connectors.IntLib 库里。在"Libraries"面板的"安装的库名"栏内,从库下拉列表中选择"Miscellaneous Connectors.IntLib"来激活这个库。

①因为 P1 连接器是两个引脚的插座,所以设置过滤器为"H＊2＊"。

②在元器件列表中选择"HEADER2"并双击,现在设计者会有一个"悬浮"在光标上的 HEADER2 符号。按"Tab"编辑其属性并设置"Designator"为"P1","Comment"为"220V",检查 PCB 封装模型为"HDR1X2",单击"OK"关闭对话框。

③在原理图中放下连接器。右击或按"ESC"退出放置模式。

④因为 P2 连接器是 4 个引脚的插座,所以设置过滤器为"H＊4＊"。

⑤在元器件列表中选择"HEADER4"并双击,现在设计者会有一个"悬浮"在光标上的 HEADER4 符号。按"Tab"编辑其属性并设置"Designator"为"P2","Comment"为"5V",检查 PCB 封装模型为"HDR1X4",单击"OK"关闭对话框。

⑥在原理图中合适位置放下连接器。右击或按"ESC"退出放置模式。

⑦从菜单执行"File"→"Save"保存设计者的原理图。

现在已经放完了所有元器件。元器件的摆放如图 1-47 所示,从中可以看出元器件之间留有间隔,这样就有大量的空间将导线连接到每个元器件的引脚上。

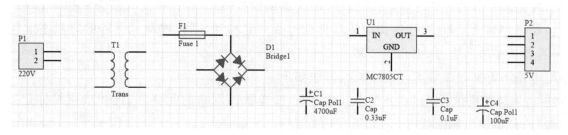

图 1-47　元器件摆放完后的电路图

如果设计者需要移动元器件,单击并拖动元器件,拖到需要的位置放开鼠标左键即可。

2.连接电路

连线在设计者的电路中的各种元器件之间起着建立连接的作用。要在原理图中连线,参照如图 1-1 所示并完成以下步骤。

(1)为了使电路图清晰,可以按"Page Up"键来放大,或按"Page Down"键来缩小;保持"Ctrl"键按下,使用鼠标的滑轮也可以放大或缩小电路图;如果要查看全部视图,从菜单执行"View"→"Fit All Objects"命令即可。

(2)首先用以下方法将电桥 D1 与稳压器 U1 的 1 引脚连接起来。

从菜单执行"Place"→"Wire"命令或从连线工具栏单击 工具进入连线模式,光标将变为十字形状。

(3)将光标放在 D1 的右端,当设计者放对位置时,一个红色的连接标记会出现在光标处,这表示光标在元器件的一个电气连接点上。

(4)单击或按"Enter"键固定第一个导线点,移动光标设计者会看见一根导线从光标处延伸到固定点。

(5)将光标移到稳压器 U1 的 1 引脚位置上,设计者会看见光标变为一个红色连接标记,如图 1-48 所示,单击或按"Enter"键在该点固定导线。在第一个和第二个固定点之间的导线就放好了。

(6)完成了这根导线的放置,注意光标仍然为十字形状,表示设计者准备放置其他导线。要完全退出放置模式恢复箭头光标,设计者应该再一次右击或按"Esc"键。但现在还不能这样做。

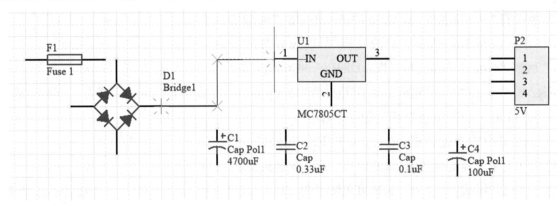

图 1-48 连线时的红色标记

(7)现在我们要将 C1 连接到 D1 和 U1 的连线上。将光标放在 C1 上边的连接点上,单击或按"Enter"开始新的连线。

(8)水平移动光标一直到 D1 和 U1 的连线上,单击或按"Enter"放置导线段,然后右击或按"Esc"表示设计者已经完成该导线的放置。注意两条导线是怎样自动连接上的。

(9)参照如图 1-1 所示的连接电路中的剩余部分。

(10)在完成所有的导线之后,右击或按"Esc"退出放置模式,光标恢复为箭头形状。

(11)如果想移动元器件,让连接该元器件的连线一起移动,则在移动元器件的时候按下"Ctrl"键并保持,或者从菜单上执行"Edit"→"Move"→"Drag"命令。

如果电路图有某处画错了,需要删除,方法如下。

方法 1:从菜单栏执行"Edit"→"Delete",然后选择需要删除的元器件、连线或网络标记等即可。右击或按"Esc"键退出删除状态。

方法 2:可以先选择要删除的元器件、连线或网络标记等,选中的元器件有绿色的小方块包围住,如图 1-49 所示,按"Delete"键即可删除。

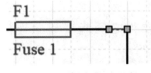

图 1-49 选中的元器件

1.2.5 编译项目

编译项目可以检查设计文件中的设计草图和电气规则的错误,并提供设计者一个排除错误的环境。

1.执行编译命令

要编译手机充电器电路项目,须执行"Project"→"Validate PCB Project 手机充电器.PrjPcb"命令。

2.修改错误

当项目被编译后,任何错误都将显示在"Messages"面板上。如果电路图有严重的错误,"Messages"面板将自动弹出,否则"Messages"面板不出现,这时需要执行屏幕下方"Panels"→"Messages"命令。

项目编译完后,在"Navigator"面板中将列出所有对象的连接关系,如图 1-50 所示。

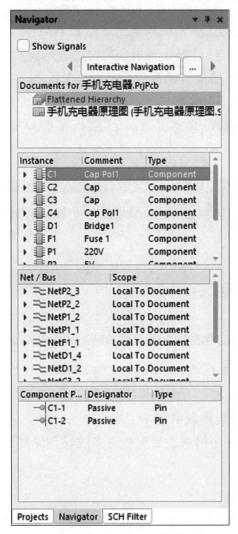

图 1-50 Navigator 面板

本例比较简单,编译后没有错误,现在故意在电路中引入一个错误,并重新编译一次项目。

①在设计窗口的顶部单击"手机充电器电路原理图.SchDoc"标签,使原理图为当前文档。

②从菜单中执行"Project"→"Project Options"命令,弹出"Options for PCB Project 手机充电器电路.PrjPCB"对话框,选择"Connection Matrix"标签,如图 1-51 所示。

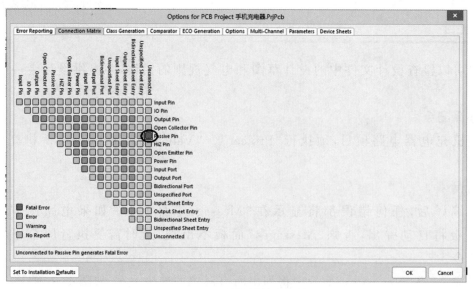

图 1-51　设置错误检查条件

③单击图 1-51 圆圈所示的地方(即 Unconnected 与 Passive Pin 相交处的方块),在方块变为图例中的 Fatal Errors 表示的颜色(红色)时停止单击。该设置表示元器件管脚如果未连线,报告错误(默认是一个绿色方块,表示运行时不给出错误报告)。

④重新编译项目(执行"Project"→"Compile PCB Project 手机充电器电路.PrjPcb"命令)来检查错误,发现自动弹出"Messages"面板,并显示错误信息:P2-2 脚没有连接、P2-3 脚没有连接,如图 1-52 所示。

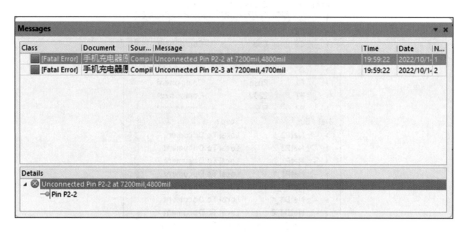

图 1-52　给出错误信息

⑤双击"Messages"面板中的错误或者警告,弹出的"Compile Error"窗口将显示错误的详细信息。从这个窗口,设计者可单击一个错误或者警告直接跳转到原理图相应位置去检查或修改错误。

学习反思

以小组为单位开展学习反思。

在本任务的学习中,讨论焦点的问题是不是都已经释疑? 你都掌握了哪些知识和技能? 你认为最让你充满学习热情的环节是什么?

任务作业

上机题 1:将如图 1-53 所示的手机充电器电路原理图补全。

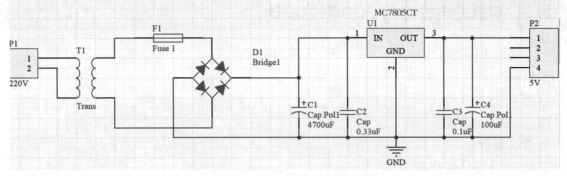

图 1-53 手机充电器电路原理图

上机题2：使用 A4 图纸绘制振荡器和积分器电路，如图 1-54 所示。

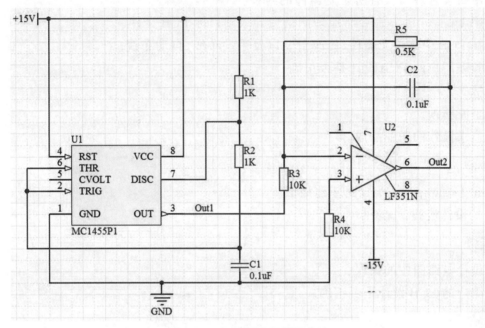

图 1-54 振荡器和积分器电路

课后练习：使用 A4 图纸绘制接触式防盗报警电路，如图 1-55 所示。

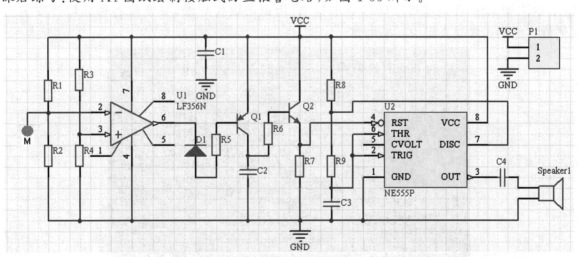

图 1-55 接触式防盗报警电路

手机充电器电路 PCB 图的设计

学习目标

▶知识目标

(1)熟悉 PCB 的分类。

(2)熟悉 PCB 的组成。

(3)熟悉掌握创建 PCB 的基本方法。

(4)了解 PCB 设计的规则。

▶能力目标

(1)能够用封装管理器检查所有元器件的封装。

(2)能够用 Update PCB 命令将原理图信息导入到目标 PCB 文件。

(3)能够在 PCB 中放置元器件、修改封装以及手动布线、自动布线。

(4)能够验证用户的 PCB 设计是否正确。

▶素质目标

(1)培养工匠精神。

(2)培养追求极致的职业品质。

学习重点

(1)Altium Designer 的 PCB 图基础知识。

(2)PCB 的设计流程。

学习难点

(1)检查设计电路图中的错误。

(2)验证用户的 PCB 设计是否正确。

任务导学

本任务学习印制电路板的设计,印制电路板(printed circuit board,PCB)实物如图 1-56 所示。

PCB 的结构原理:在绝缘板上印制导电铜箔,用铜箔取代导线,只要将各种元器件安装在 PCB 上,铜箔就将它们连接起来组成一个电路。

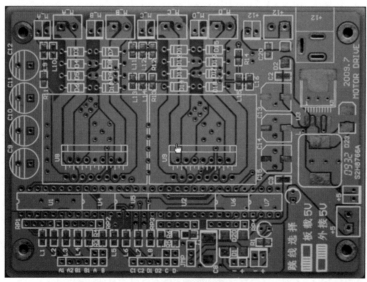

图 1-56　PCB 实物

(1)通过课前预习,了解 PCB 图基础知识,了解手机充电器电路 PCB 图的绘制。

（2）掌握 PCB 基础知识，掌握手机充电器电路 PCB 图的绘制，把疑问记入讨论焦点。

（3）课中，教师从学生疑问入手，以学生为主体，展开知识分析。

（4）学生以组为单位，突破讨论焦点中的问题。

（5）教师重点就电路绘制环节对学生进行考核，学生助教汇总本任务的考核结果。

（6）课后，学生完成触摸式防盗报警电路的 PCB 设计。

任务实施与训练

▷问题驱动

（1）PCB 是什么样的？

（2）PCB 是如何分类的？

（3）PCB 的组成你理解吗？

（4）Altium Designer 封装管理器的界面是什么样的？

（5）印制电路板的 PCB 设计流程是什么？

（6）如何验证设计者的 PCB 设计是否正确？

1.3.1 印制电路板的分类

根据层数分类，PCB 可分为单面板、双面板和多层板三种。

1. 单面板

单面板只有一面有导电铜箔，另一面没有。在使用单面板时，通常在没有导电铜箔的一面安装元器件，将元器件引脚通过插孔穿到有导电铜箔的一面，导电铜箔将元器件引脚连接起来就可以构成电路。单面板成本低，但因为只有一面有导电铜箔，不适用于复杂的电路系统。

2. 双面板

双面板包括两层：顶层（top layer）和底层（bottom layer）。与单面板不同，双面板的两层都有导电铜箔，其结构如图 1-57 所示。双面板的每层都可以直接焊接元器件，两层之间可以通过穿过的元器件引脚连接，也可以通过过孔实现连接。过孔是一种穿透印制电路板并将两层的铜箔连接起来的金属化导电圆孔。

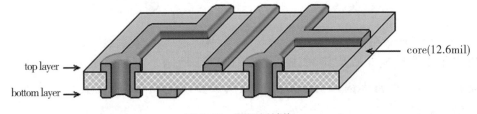

图 1-57　双面板结构

3. 多层板

多层板是具有多个导电层的电路板。多层板的结构如图 1-58 所示。它除了具有双面板一样的顶层和底层外，在内部还有内部层。内部层一般为电源层或接地层，顶层和底层通过过孔与内部的导电层相连接。多层板一般是将多个双面板采用压合工艺制作而成的，适用于复杂的电路系统。

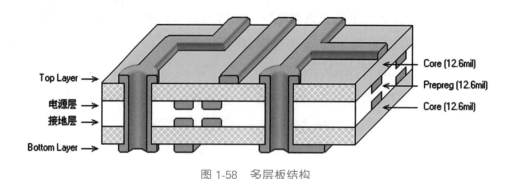

图 1-58　多层板结构

1.3.2 印制电路板的组成

一般来说印制电路板主要由元器件封装、铜箔导线、焊盘、助焊膜和阻焊膜、过孔及丝印层等组成。

1.元器件的封装

PCB 是用来安装元器件的,而同类型的元器件,如电阻,即使阻值一样,也有大小之分。因而在设计 PCB 时,就要求 PCB 上大体积元器件焊接孔的孔径要大、距离要远。

为了使 PCB 生产厂家生产出来的 PCB 可以安装大小和形状符合要求的各种元器件,要求在设计 PCB 时,用铜箔表示导线,而用与实际元器件形状和大小相关的符号表示元器件。

这里的形状与大小是指实际元器件在印制电路板上的投影。这种与实际元器件形状和大小相同的投影符号称为元器件封装。

(1)元器件封装的分类。

按照元器件安装方式,元器件封装可以分为直插式元器件封装和表面贴装式元器件封装两种,如图 1-59 和 1-60 所示。

图 1-59　直插式元器件封装

图 1-60　表面贴装式元器件封装

典型直插式元器件封装外形及其 PCB 焊盘如图 1-61 所示。直插式元器件焊接时先要将元器件引脚插入焊盘通孔中,然后再焊锡。由于焊点过孔贯穿整个电路板,所以其焊盘中心必须有通孔,焊盘至少占用两层电路板。

典型的表面贴装式封装外形及其 PCB 焊盘如图 1-62 所示。此类封装的焊盘只限于表面板层,即顶层或底层,采用这种封装的元器件的引脚占用板上的空间小,不影响其他层的布线,一般引脚比较多的元器件常采用这种封装形式,但是这种封装的元器件手工焊接难度相对较大,多用于大批量机器生产。

图 1-61　直插式元器件封装外形及其 PCB 焊盘　　　　图 1-62　表面贴装式封装外形及其 PCB 焊盘

(2)元器件封装的编号。

常见元器件封装的编号原则:元器件封装类型＋焊盘距离(焊盘数)＋元器件外形尺寸。

电阻元器件封装的编号为 AXIAL0.3 到 AXIAL0.7,一般用 AXIAL0.4;

无极性电容封装的编号为 RAD-0.1 到 RAD-0.4;

二极管封装的编号为 DIODE-0.4 到 DIODE-0.7;

三极管常见的封装属性为 TO-18(普通三极管),TO-22(大功率三极管),TO-3(大功率达林顿管);

双列直插元器件封装的编号为 DIP-X(X 代表元器件引脚数)。

可以根据元器件的编号来判断元器件封装的规格。

例如,有极性的电解电容,其封装为 RB.2-.4,其中".2"为焊盘间距,".4"为电容圆筒的外径;无极性的电容封装为 RAD-0.3,其中 RAD 表示无极性电容类元器件封装,引脚间距为 0.3mm。

2.铜箔导线

因为印制电路板以铜箔作为导线将安装在电路板上的元器件连接起来,所以,铜箔导线也简称为导线。印制电路板的设计主要是布置铜箔导线。图 1-63 中所示的蓝色导线为铜箔导线。

与铜箔导线类似的还有一种线,称为飞线,又称预拉线。飞线主要用于表示各个焊盘的连接关系,用来指引铜箔导线的布置,它不是实际的导线。如图 1-64 中所示的连接线为飞线。

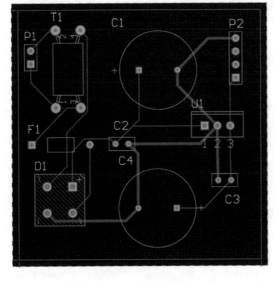 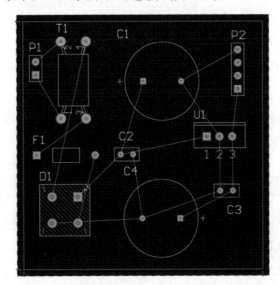

图 1-63　铜箔导线　　　　　　　　　　图 1-64　飞线

3.焊盘

焊盘的作用是在焊接元器件时放置焊锡,将元器件引脚与铜箔导线连接起来。焊盘的常见形式有圆形、方形和八角形等几种,常见的焊盘如图 1-65 所示。

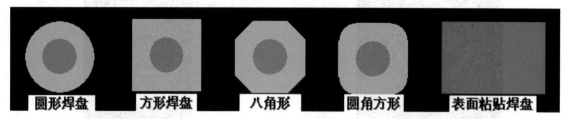

图 1-65   常见焊盘

焊盘有针脚式和表面粘贴式两种,表面粘贴式焊盘无须钻孔;而针脚式焊盘要求钻孔,它有过孔直径和焊盘直径两个参数。

在设计焊盘时,要考虑到元器件形状、引脚大小、安装形式、受力及振动大小等情况。例如,如果某个焊盘通过电流大、受力大并且易发热,可设计成泪滴状。

4.助焊膜和阻焊膜

为了使印制电路板的焊盘更容易粘上焊锡,通常会在焊盘上涂一层助焊膜。

为了防止印制电路板的铜箔不小心粘上焊锡,在这些铜箔上一般要涂一层绝缘层(通常是绿色透明的膜),这层膜称为阻焊膜。

5.过孔

双面板和多层板有两个或两个以上的导电层,导电层之间相互绝缘,如果需要将某一层和另一层进行电气连接,可以通过过孔实现。

过孔的制作方法:在双面板或多层板需要连接处钻一个孔,然后在孔的孔壁上沉积导电金属(又称电镀),这样就可以将不同的导电层连接起来。

过孔主要有穿透式过孔和盲过式过孔两种,如图 1-66 所示。

穿透式过孔   盲过式过孔

图 1-66   穿透式过孔与盲过式过孔

穿透式过孔从顶层一直通到底层;而盲过式过孔可以从顶层通到内层,也可以从底层通到内层。

过孔有内径和外径两个参数,过孔的内径和外径一般要比焊盘的内径和外径小。

6.丝印层

除了导电层外,印制电路板还有丝印层。丝印层主要采用丝印印刷的方法在印制电路板的顶层和底层印制元器件的标号、外形和一些厂家的信息。

1.3.3 创建一个新的 PCB 文件

从这一步开始进行 PCB 的设计,具体设计流程如图 1-67 所示。

实际中应用的简易手机充电器电路板如图 1-68 所示。

在将原理图设计转换为 PCB 设计之前,需要创建一个有最基本板子轮廓的空白 PCB。在 Altium Designer 中创建一个新的 PCB 设计的方法如下。

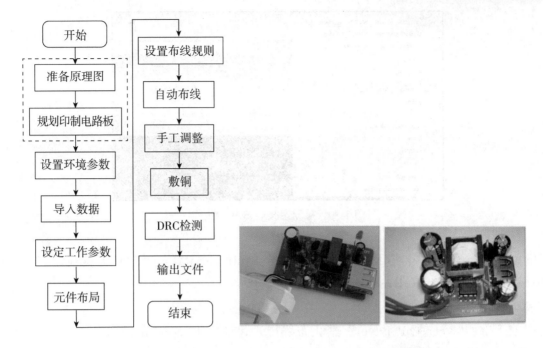

图 1-67　PCB 设计流程图　　　　　　　　　　图 1-68　手机充电器电路板

1.新建 PCB

执行"File"→"New"→"PCB"命令,软件会创建一个新的 PCB 文件,默认名字是 PCB1.PcbDoc。

2.绘制边界

创建的新 PCB 文件默认的尺寸是 6000mil×4000mil,如图 1-69 所示。

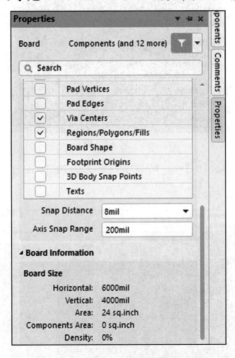

图 1-69　新 PCB 文件默认的尺寸

　　由于在本例电路中,一个 2000mil×2000mil 的板便足够了,因此,我们需要重新确定板子的边界。板子的物理边界一般是在 Mechanical 1 层(机械 1 层)上设置,单击图纸下部的"Mechanical 1",保证将 Mechanical 1 切换为当前层。然后执行"Place"→"Line"命令,绘制一个 2000mil×2000mil 的正方形。选中正方形的四条边,执行"Design"→"Board Shape"→"Define Board Shape from Selected Objects"命令,来重新定义 PCB 板的边界如图 1-70 所示。

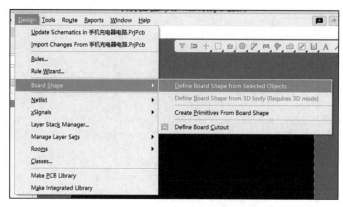

图 1-70　重新定义 PCB 板的边界

注意：

板子的度量单位可以是公制（Metric）也可以是英制（Imperial），这里选择为英制。

1 000 mil＝1 inch（英寸）；1 inch＝2.54 cm（厘米）。

3.绘制电气边界

单击图纸下部的"Keep-Out Layer"（禁止布线层），保证将 Keep-Out Layer 切换为当前层。然后执行"Place"→"line"命令，绘制一个 1900mil×1900mil 的正方形，如图 1-71 所示。

图 1-71　绘制电气边界

到这里已经设置完所有创建新 PCB 板所需的信息。PCB 编辑器现在将显示一个新的 PCB 文件，名为 PCB1.PcbDoc，如图 1-72 所示。

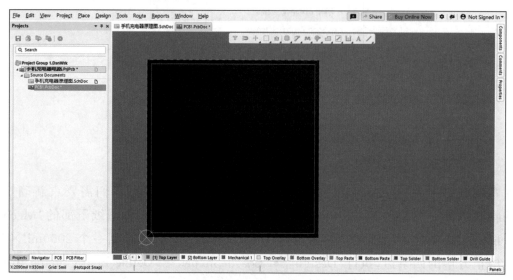

图 1-72　设置好的一个空白的 PCB 形状

执行"File"→"Save As"命令来将新 PCB 文件重命名(用 *.PcbDoc 扩展名)。指定设计者要把这个 PCB 保存在设计者硬盘上的位置,在文件名栏里输入文件名"手机充电器 PCB 图.PcbDoc"并单击"保存"按钮。保存好的文件如图 1-73 所示。

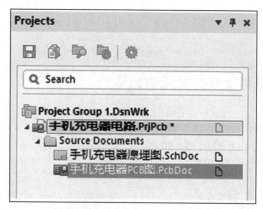

图 1-73　手机充电器 PCB 图.PcbDoc 文件在项目文件下

1.3.4 用封装管理器检查所有元器件的封装

在将原理图信息导入到新的 PCB 之前,请确保所有与原理图和 PCB 相关的库都是可用的。需要执行以下操作。

在原理图编辑器内,执行"Tools"→"Footprint Manager"命令,显示如图 1-74 所示封装管理器检查对话框。在该对话框的元器件列表(Component List)区域,显示原理图内的所有元器件。单击选择每一个元器件,当选中一个元器件时,在对话框的右边的封装管理编辑框(View and Edit Footprints)内,设计者可以添加、删除和编辑当前选中的元器件封装。如果对话框右下角的元器件封装区域没有出现相应的元器件封装,可以将鼠标放在按钮的下方,把这一栏的边框往上拉,就会显示封装图的区域。如果所有的元器件封装检查结果都正确,单击"Close"按钮关闭对话框。

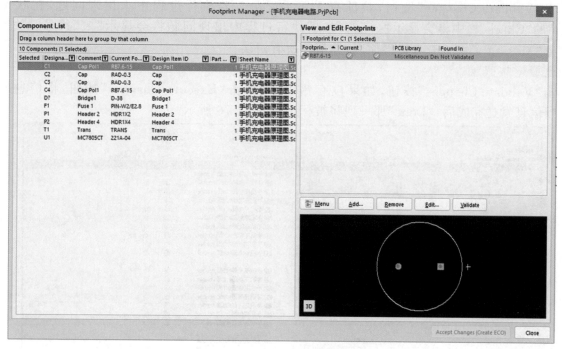

图 1-74　封装管理器检查对话框

1.3.5 导入设计

如果项目已经编辑并且在原理图中没有任何错误,则可以执行"Update PCB"命令来产生"工程变更命令"(engineering change orders,ECO),ECO 可以将把原理图信息导入到目标 PCB 文件。具体步骤如下。

1.打开设计的原理图

打开原理图文件"手机充电器电路原理图.SchDoc"。

2.更新 PCB 文件

在原理图编辑器执行"Design"→" Update PCB Document 手机充电器 PCB 图.PcbDoc"命令,"Engeineering Change Orders"对话框出现,如图 1-75 所示。

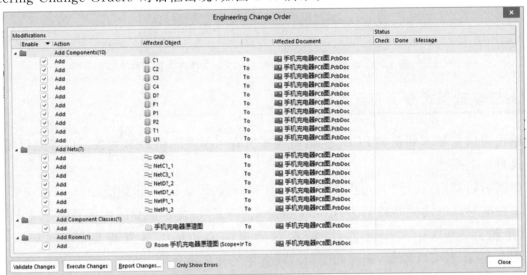

图 1-75　工程变更命令对话框

3.验证有无错误

单击"Validate Changes"按钮,验证有无不妥之处。若执行过程中未出现问题,在状态列表"Status"的"Check"栏中将会显示"√"符号;若执行过程中出现问题将会显示"×"符号。关闭对话框。检查"Messages"面板查看错误原因,并清除所有错误。

4.让变化生效

单击"Validate Changes"按钮,如果没有错误,则单击"Execute Changes"按钮,将信息发送到PCB。当信息发送完成后,"Done"那一列将被标记,如图 1-76 所示。

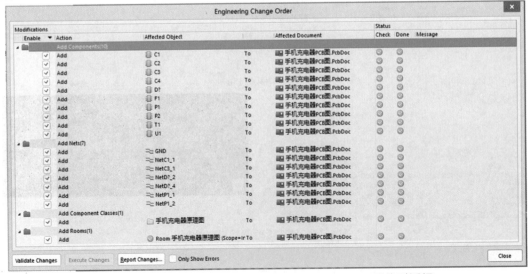

图 1-76　执行了 Validate Changes、Execute Changes 后的对话框

5.打开 PCB 文件

单击"Close"按钮,将目标 PCB 文件打开,并且将元器件也放在 PCB 边框的外面以准备放置。如果设计者在当前视图中不能看见元器件,执行菜单栏"View"→"Fit Document"命令查看文档。如图 1-77 所示。

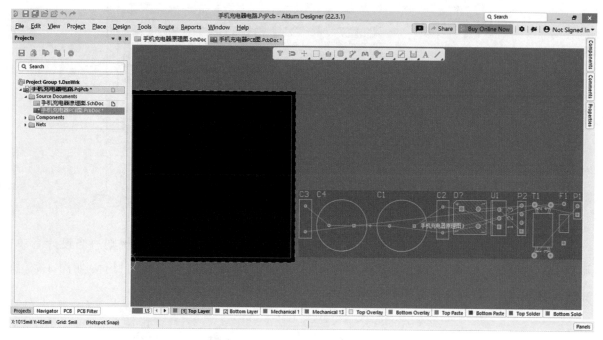

图 1-77　信息导入到 PCB

1.3.6 印制电路板设计

现在设计者可以开始在 PCB 上放置元器件并在板上布线。在开始设计 PCB 板之前有一些设置需要做,本任务只介绍设计 PCB 的必要设置,其他的设置使用默认值,详细的介绍将在后续完成。

1.设置新的设计规则

Altium Designer 的 PCB 编辑器是一个规则驱动环境的编辑器。这意味着,在设计者改变设计的过程中,如放置导线、移动元器件或者自动布线,Altium Designer 都会监测每个动作,并检查设计是否完全符合设计规则。如果不符合,则会立即警告,强调出现错误。所以,在设计之前须先设置设计规则以让设计者集中精力设计,因为一旦出现错误,软件就会提示。

设计规则共有 10 类,包括对电气、布线、制造、放置、信号完整性等规则的约束。

现在来设置必要的新的设计规则,指明地线的宽度。具体步骤如下。

(1)激活 PCB 文件,在菜单栏执行"Design"→"Rules"命令。

(2)"PCB Rules and Constraints Editor"对话框出现。每一类规则都显示在对话框的设计规则面板左边的"Design Rules"文件夹的下面,如图 1-78 所示。

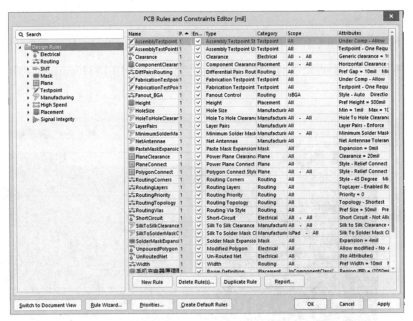

图 1-78 PCB Rules and Constraints Editor 对话框

（3）双击"Routing"展开显示相关的布线规则，然后双击"Width"显示宽度规则。当设计者单击每条规则时，右边的对话框的上方将显示规则的范围（设计者想要的这个规则的目标）如图 1-79 所示，下方将显示规则的限制。这些规则都是默认值。

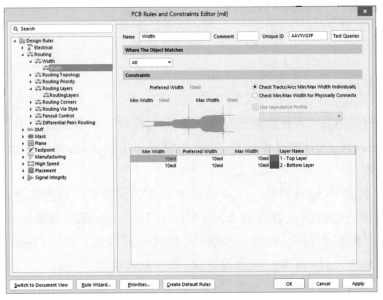

图 1-79 设置 Width 规则

Altium Designer 设计规则系统的一个强大功能是同种类型可以定义多种规则，每个规则有不同的对象，每个规则目标的确切设置是由规则的范围决定的，规则系统使用预定义优先级来确定规则适用的对象。

例如，设计者可以有一个对接地网络（GND）的宽度约束规则，也可以有一个对电源线的宽度约束规则（这个规则忽略前一个规则），同时可能有一个对整个板的宽度约束规则（这个规则忽略前两个规则，即所有的导线除电源线和地线以外都必须是这个宽度），规则依优先级顺序显示。

现在设计者要为接地网络各添加一个新的宽度约束规则，添加新的宽度约束规则的步骤如下。

（1）在规则面板的"Width"类被选择时，右击并选择"New Rule"，如图 1-80 所示。一个新的名为"Width_1"的规则出现，如图 1-81 所示。

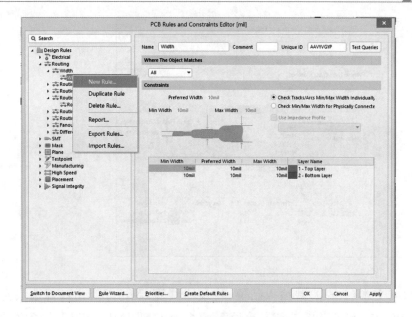

图 1-80 新建线宽规则

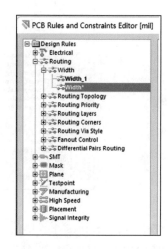

图 1-81 添加 Width_1 线宽规则

（2）在"Design Rules"面板单击新的名为"Width_1"的规则以修改其范围和约束，如图 1-82 所示。

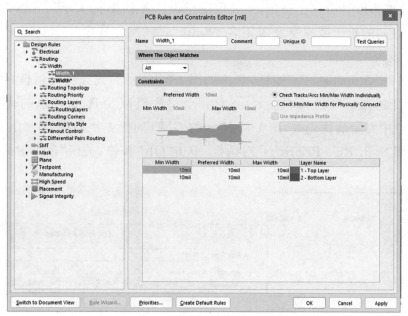

图 1-82 修改 Width_1 线宽规则

（3）在名称（Name）栏键入 GND，名称会在"Design Rules"栏里自动更新。

（4）在"Where The Object Matches"栏选择单击"Net"按钮。在选择框内单击向下的箭头，选择"GND"，如图 1-83 所示。

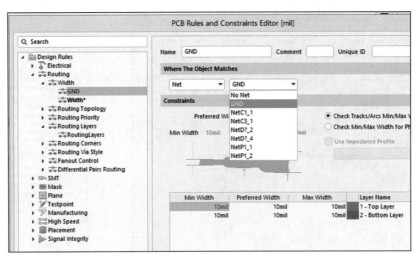

图 1-83　选择 GND 网络

（5）在"Constraints"栏,单击旧约束文本（10mil）并输入新值,将最小线宽（Min Width）、首选线宽（Preferred Width）和最大线宽（Max Width）均改为（25mil）。注意,必须在修改"Min Width"值之前先设置"Max Width"宽度栏,如图 1-84 所示。

注意,导线的宽度由设计者自己决定,主要取决于设计者 PCB 的大小与元器件的疏密。

（6）最后,单击最初的板子范围宽度规则名"Width",将"Min Width"、"Preferred Width"和"Max Width"的宽度栏均设为 12mil。

（7）单击左下角的"Priorities..."按钮,弹出如图 1-85 所示的优先级对话框,优先级（Priority）列的数字越小,优先级越高。可以按"Decrease Priority"按钮减少选中对象的优先级,按"Increase Priority"按钮增加选中对象的优先级,图 1-85 所示的 GND 的优先级最高,Width 的优先级最低。单击"Close"按钮,关闭"Edit Rule Priorities"对话框;单击"OK"按钮,关闭"PCB Rules and Constraints Editor"对话框。

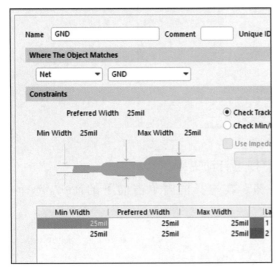

图 1-84　修改线的宽度

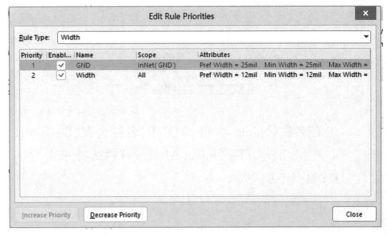

图 1-85　线宽的优先级对话框

当设计者用手工布线或使用自动布线器时,GND 导线为 25mil,其余的导线均为 12mil。

2.在 PCB 中放置元器件

现在设计者可以放置元器件了。

（1）按"快捷键 V、D"将显示整个板子和所有元器件。

（2）现在放置连接器 P1。将光标放在连接器轮廓的中部上方,按下鼠标左键不放,光标会变成一个十字形状并跳到元器件的参考点。

（3）不要松开鼠标左键，移动鼠标拖动元器件。

（4）拖动连接时，按下"Space"键将其旋转 90°，然后将其定位在板子的左边，如图 1-86 所示。

（5）元器件定位好后，松开鼠标左键将其放下，注意元器件的飞线将随着元器件被拖动。

（6）参照图 1-86 所示放置其余的元器件。当设计者拖动元器件时，如有必要，使用"Space"键来旋转元器件，让该元器件与其他元器件之间的飞线距离最短。

元器件文字可以用同样的方式来重新定位——按下鼠标左键不放来拖动文字，按"Space"键旋转。

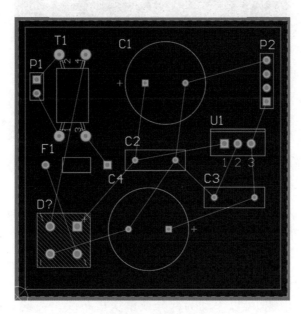

图 1-86　放置元器件

3. 修改封装

现在已经将封装都定位好了，但电容 C2、C3 的封装尺寸太大，需要改为更小尺寸的封装。

在 PCB 上双击电容 C2，弹出"Properties"面板，在"Footprint Name"处改为 RAD-0.1 或者单击"Name"处的 ⸺ 图标，弹出"Browse Libraries"对话框，如图 1-87 所示，选择 RAD-0.1，单击"OK"按钮即可。

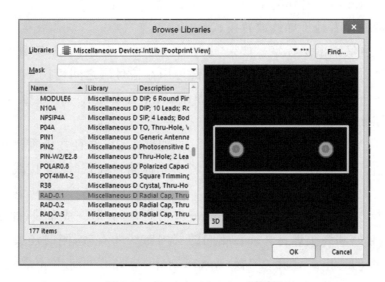

图 1-87　Browse Libraries 对话框

同样的方法将 C3 的封装尺寸改成 RAD-0.1。修改完成的布局图如图 1-88 所示。

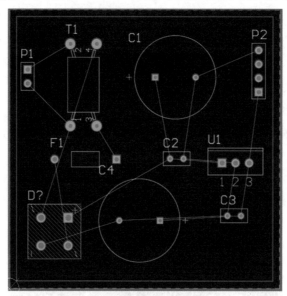

图 1-88　修改完成的布局图

每个对象都定位放置好后,就可以开始布线了。

4.手动布线

布线是在板上通过走线和过孔连接元器件的过程。Altium Designer 通过提供先进的交互式布线工具以及 Situs 拓扑自动布线器来简化这项工作,只需轻触一个按钮就能对整个板或其中的部分进行最优化布线。

自动布线器提供了一种简单而有效的布线方式。如果设计者需要精确地控制排布的线,或者设计者想享受一下手动布线的乐趣,可以手动为部分或整块板布线。在这一任务的例子中,将手动对单面板进行布线,并将所有线都放在板的底部。

在 PCB 上的线是由一系列的直线段组成的。每一次改变方向即是一条新线段的开始。此外,默认情况下,Altium Designer 会限制走线为纵向、横向或 45°角方向的布线,这可以让设计者的设计更专业。这种限制可以进行设定,以满足设计者的需要,但对于本例,将使用默认值。手动布线的步骤如下。

(1)在设计窗口的底部单击"Bottom Layer"标签,使 PCB 板的底部处于激活状态。

(2)在菜单中执行"Route"→"Interactive Routing"命令或者单击"放置"工具栏的布线按钮,光标将变成十字形状,表示设计者处于导线放置模式。

(3)检查文档工作区底部的层标签。如果"Top Layer"标签是激活的,按数字键盘上的" ＊ "键,在不退出导线放置模式的情况下切换到底层。" ＊ "键可用在信号层之间切换。

(4)将光标定位在排针 P1 右边的焊盘(选中焊盘后,焊盘周围有一个小框围住)。单击鼠标左键或按"Enter"键,以确定线的起点。

(5)将光标移向 T1 的 2 号焊盘。注意:线段是如何跟随光标路径在检查模式中显示的。状态栏显示的检查模式表明它们还没被放置。如果设计者沿光标路径拉回,未连接线路也会随之缩回。在这里,设计者有两种走线的选择。

①Ctrl＋单击鼠标左键,使用左键 Auto-Complete 功能,可立即完成布线(此技术可以直接使用在焊盘或连接线上),但起始和终止焊盘必须在相同的层内布线才有效,同时还要求板上任何的障碍不会妨碍 Auto-Complete 的工作。对较大的板,Auto-Complete 路径可能并不总是有效的,这是因为走线路径是一段接一段地绘制的,而从起始焊盘到终止焊盘的完整绘制有可能根本无法完成。

②按"Enter"键或单击鼠标左键来接线,设计者可以直接对目标 T1 的引脚接线。在完成了一条网络的布线,右击或按"ESC"键表示设计者已完成了该条导线的放置,但光标仍然是一个十字形状,表示设计者仍然处于导线放置模式,可以准备放置下一条导线。用上述方法就可以布其他导线。要退出连线模式(十字形状)可再单击鼠标右键或按"Esc"键。按"End"键重画屏幕,这样设计者能清楚地看见已经布线的网络。

(6)未被放置的线用虚线表示,被放置的线用实线表示。

(7)使用上述任何一种方法在板上的其他元器件之间布线。在布线过程中按下"Space"键将线段起点模式切换到水平/45°/垂直。

(8)如果认为某条导线连接得不合理,可以删除这条线:选中该条线,按"Delete"键来清除所选的线段,该线将变成飞线。然后重新布这条线。

(9)完成 PCB 上的所有连线后,如图 1-89 所示,右击或者按"Esc"键以退出导线放置模式。

(10)保存设计。

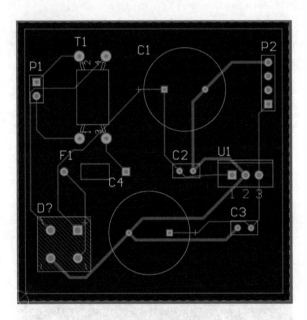

图 1-89 完成手动布线的 PCB

布线的时候请记住以下几点。

(1)单击或按"Enter"键,将线放置到当前光标的位置。状态栏显示的检查模式代表未被布置的线,已布置的线将以当前层的颜色显示为实体。

(2)在任何时候使用"Ctrl 键+单击"来自动完成连线。起始和终止引脚必须在同一层上,并且连线上没有障碍物。

(3)使用"Shift+Space"来选择各种线的角度模式。角度模式包括任意角度、45°、弧度 45°、90°和弧度 90°。按"Space"键切换角度。

(4)在任何时间按"End"键来刷新屏幕。

(5)在任何时间使用"V,F"键重新调整屏幕以适应所有的对象。

(6)在任何时候按"Page Up"或 "Page Down"键,以光标位置为核心来缩放视图。使用鼠标滚轮向上边和下边平移。按住"Ctrl"键,用鼠标滚轮来进行放大和缩小。

(7)当设计者完成布线并希望开始一个新的布线时,右击或按"Esc"键。

(8)为了防止连接了不应该连接的引脚,Altium Designer 将不断地监察板的连通性,并防止设计者在连接方面的失误。

（9）布线是非常简便的，当设计者布置完一条线并右击完成时，冗余的线段会被自动清除。

祝贺！设计者已经通过手工布线完成了 PCB 设计。

5.自动布线

（1）首先，从菜单栏执行"Route"→"Un－Route"→"All"命令取消板的布线。

（2）从菜单栏执行"Route"→"Auto Route"→"All"命令，弹出"Situs Routing Strategies"对话框，如图 1-90 所示，单击"Route All"按钮。"Messages"显示自动布线的过程。

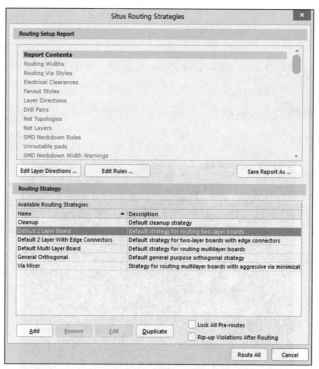

图 1-90　Situs Routing Strategies 对话框

软件提供的自动布线结果可以与一名经验丰富的设计师相比，如图 1-91 所示。这是因为 Altium Designer 在 PCB 窗口中对设计者的板进行直接布线，而不需要导出和导入布线文件。

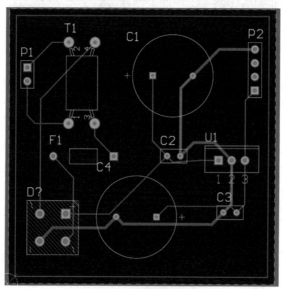

图 1-91　自动布线结果

（3）执行"File"→"Save"命令来储存设计者设计的板。

注意：线的放置由 Auto Router 通过两种颜色来呈现。

红色：表明该线在顶端的信号层。

蓝色:表明该线在底部的信号层。

要用于自动布线的层在"PCB Board Wizard"中的"Routing Layer"设计规则中指定。设计者也会注意到连接到连接器的两条电源网络导线要粗一些,这是由设计者所设置的两条新的 Width 设计规则所指明的。

如果设计中的布线与图 1-91 所示不完全一样也是正确的。因为手动布线时,布的是单面板;而自动布线时,布的是双面板。再加上元器件摆放位置不完全相同,布线也会不完全相同。如图 1-91 所示为自动布线的结果。

因为最初在"PCB Board Wizard"中确定的板是双面印制电路板,所以设计者可以使用顶层和底层来手工将设计者的板布线为双面板。要这样做,须从菜单栏执行"Route"→"Un-Route"→"All"取消板的布线。像之前介绍的那样开始布线,但要在放置导线时用"*"键在层间切换。Altium Designer 软件在切换层的时候会自动地插入必要的过孔。

6.验证设计者的 PCB 设计

Altium Designer 软件提供一个规则驱动环境来设计 PCB,并允许设计者定义各种设计规则来保证 PCB 设计的完整性。比较典型的做法是,在设计过程的开始,设计者就设置好设计规则,然后在设计进程的最后用这些规则来验证设计。

在本例中设计者已经添加了两个新的宽度约束规则。设计者也注意到已经由 PCB 向导创建了许多规则。

为了验证所布线的电路板是符合设计规则的,现在设计者要运行设计规则检查 Design Rule Check(DRC)。

(1)从菜单栏执行"Tools"→"Design Rule Check"命令,弹出"Design Rule Checker[mil]"对话框,如图 1-92 所示,保证"Design Rule Checker[mil]"对话框的实时和批处理设计规则检测都已经配置好。点击一个类别查看其所有原规则,如单击"Electrical",可以看到属于那个种类的所有规则。

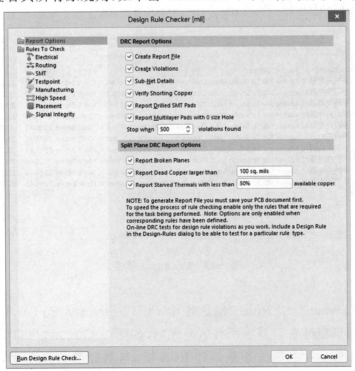

图 1-92 设计规则检查对话框

(2)保留所有选项为默认值,单击"Run Design Rule Check…"按钮。DRC 就开始运行,"Design Rule Verification Report"将自动显示,如图 1-93 所示,并在该文件夹 Project Outputs for 手机充电器

电路下,产生了"Design Rule Check – 手机充电器 PCB 图.drc"文件。

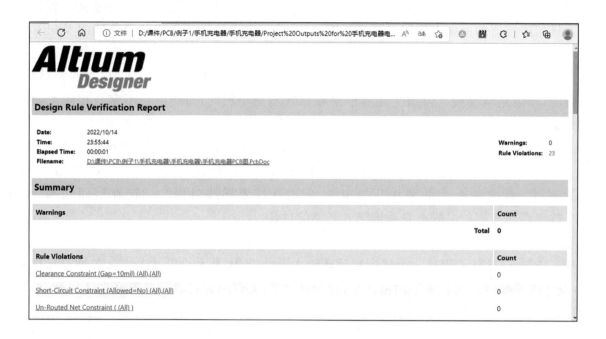

图 1-93　设计规则检查报告

从手机充电器.drc 文件看出有两个地方出错,错误如下。

(1)Silk To Solder Mask (Clearance＝10mil) (IsPAD),(All)。

(2)Silk to Silk (Clearance＝10mil) (All),(All)。

错误结果也将显示在"Messages"面板。打开"Messages"面板,如图 1-94 所示,双击"Messages"面板中的一个错误,可以跳转到对应的 PCB 中的位置。

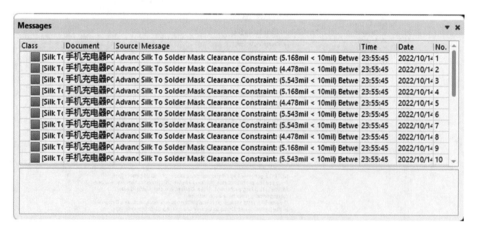

图 1-94　Messages 面板

错误修改方法如下。

(1)从菜单栏执行"Design"→" Rules"命令打开"PCB Rules and Constraints Editor"对话框。双击"Manufacturing"在对话框的右边显示所有制造规则,如图 1-95 所示,可以看出这两个错误提示信息都属于制造规则类,现在的主要任务是设计 PCB 板,与制造的关系不大,所以可以关闭这两个规则。

方法:在如图 1-95 所示的对话框的右边,找到"Silk to Silk Clearance"和"Minimum Solder Mask Clearance"两行,把"Enabled"栏的复选框的"√"去掉即可,表示不进行这两项规则的检查。

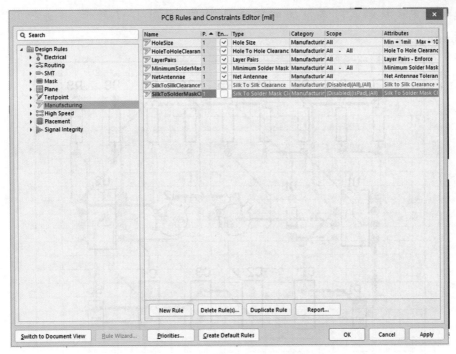

图 1-95　PCB 设计规则编辑对话框

（2）单击图 1-95 的"OK"按钮，再次执行"Tools"→"Design Rule Check"命令，PCB 上就没有绿色的高亮显示了，显示错误为 0。保存已经完成的 PCB 和项目文件。

学习反思

以小组为单位开展学习反思。

在本任务的学习中，讨论的焦点问题是不是都已经释疑？你都掌握了哪些知识和技能？你认为最让你充满学习热情的环节是什么？

任务作业

上机题1：绘制完成手机充电器电路的 PCB 图，并进行 DRC 检查（尺寸：2000mil×2000mil）。

上机题2：绘制振荡器与积分器电路的 PCB 图，如图 1-96 所示，并进行 DRC 检查（尺寸为 2000mil×1500mil，禁止布线边界为 50mil）。

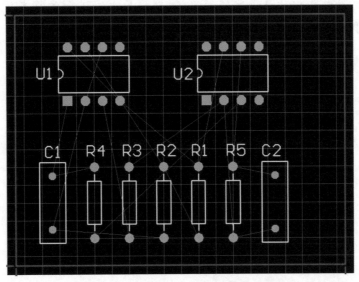

图 1-96　振荡器与积分器电路的 PCB 图

课后练习:绘制完成接触式防盗报警电路的 PCB 图,如图 1-97 所示,并进行 DRC 检查(尺寸:127mm×101.6mm)。

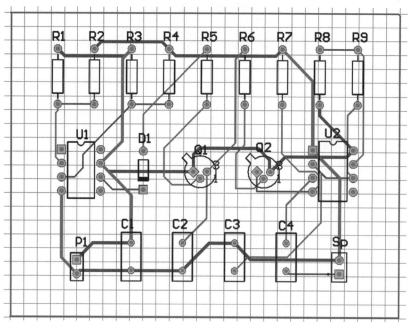

图 1-97 接触式防盗报警电路的 PCB 图

项目总结

通过软件认识、手机充电器电路原理图的绘制和手机充电器电路 PCB 图的设计三个任务的学习,对 Altium Designer 有了初步的认识;并对 Altium Designer 软件界面、工作区面板项目及工作空间的概念,原理图绘制的基本流程,电路原理图中的错误原因,印制电路板的分类和组成,创建 PCB 的基本方法,PCB 设计的规则有了一定的了解;能够进行工作区面板的切换、设置 Altium Designer 软件参数设置、切换英文编辑环境到中文编辑环境,能够创建一个新的项目、创建一个新的原理图图纸、绘制电路原理图、检查设计电路图中的错误、用封装管理器检查所有元器件的封装,能够用 Update PCB 命令将原理图信息导入到目标 PCB 文件、在 PCB 中放置元器件、修改封装、手动布线、自动布线,能够验证用户的 PCB 板设计。在此基础上完成简单电路的 PCB 图设计。

本项目的手机充电器电路相对来说比较简单,希望课后大家进一步将本项目改进优化,贴近实际来设计流行的双输出手机充电器电路,并在 Altium Designer 中设计出对应的原理图和 PCB 图。

项目2 USB鼠标电路的设计

USB鼠标电路的设计

项目概述

计算机(computer)是现代一种用于高速计算的电子计算机器,可以进行数值计算,也可以进行逻辑计算,还具有存储记忆功能。计算机是能够按照程序运行,自动、高速处理海量数据的现代化智能电子设备。

计算机发明者是约翰·冯·诺依曼。计算机是20世纪最先进的科学技术发明之一,它对人类的生产活动和社会活动产生了极其重要的影响,并以强大的生命力飞速发展。它的应用领域从最初的军事科研扩展到社会的各个领域,已形成了规模巨大的计算机产业,带动了全球范围的技术进步,由此引发了深刻的社会变革。实际中,计算机已遍及一般学校、企事业单位,进入寻常百姓家,成为信息社会中必不可少的工具。

鼠标是我们日常使用计算机必不可少的工具,是计算机显示系统纵横坐标定位的指示器,因形似老鼠而得名"鼠标"。本项目以USB鼠标电路的设计为例详细介绍原理图库、多部件元器件和元器件封装库的创建,集成库的制作方法,最后达到掌握复杂电路设计方法的目的。

USB鼠标电路的原理图如图2-1所示,PCB图如图2-2所示。

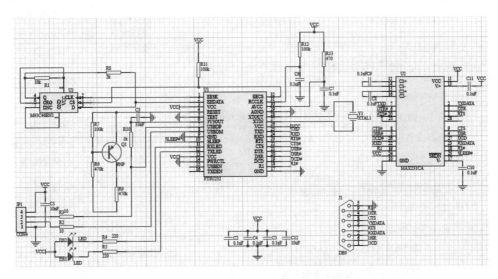

图 2-1　USB 鼠标电路原理图

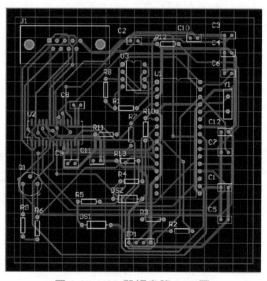

图 2-2　USB 鼠标电路 PCB 图

视野之窗

工匠有着悠久的历史,是中国人几千年日常生活中一刻也不能离开的职业。工匠精神在我国也有着悠久的历史,在中国的文化观念中,自古就有着对"匠心"的追捧,我们常常用"匠心"来形容做事的高妙境界。

"工匠精神"本指手艺工人对产品精雕细琢、追求极致的理念,即对生产的每道工序,对产品的每个细节,都精益求精,力求完美。

2016 年 3 月 5 日,《政府工作报告》中指出,"鼓励企业开展个性化定制、柔性化生产,培育精益求精的工匠精神"。"工匠精神"一词迅速流行开来,成为制造行业的热词。随后,不仅制造行业,各行各业都提倡"工匠精神"。于是,"工匠精神"的使用范围扩展,任何行业、任何人"精益求精,力求完美"的精神,都可称"工匠精神"。

项目分解

任务 2.1　原理图元器件库的创建

学习目标

▷**知识目标**

(1)了解原理图库、模型库和集成库的概念。

(2)掌握创建库文件包及原理图库的方法。

(3)熟练掌握创建原理图元器件的方法。

(4)熟练掌握为原理图元器件添加模型的方法。

(5)熟练掌握从其他库中复制元器件后修改为自己所需元器件的方法。

▷**能力目标**

(1)能够创建库文件包及原理图库。

(2)能够创建原理图元器件。

(3)能够为原理图元器件添加模型。

(4)能够从其他库中复制元器件后修改为自己所需元器件。

▷**素质目标**

(1)培养发散思维。

(2)培养良好的行为规范意识。

学习重点

创建原理图元器件。

学习难点

原理图库、模型和集成库的概念。

任务导学

根据上个项目,大家了解了 PCB 的设计过程,首先是工程文件的建立,然后是原理图的设计,最后才是 PCB 的设计。当我们利用 Altium Designer 设计电路的原理图时,集成元器件库中没有设计者所需要的元器件时需要自己创建新的元器件。

(1)课前,学生了解如何创建新元器件。

(2)课中,学生通过教师演示学习原理图库的创建和相关参数的设置。

(3)课中,学生互相检查画图中的错误。

(4)课后,学生完成布置的相关练习。

任务实施与训练

▷**问题驱动**

(1)库文件包括哪几部分?

(2)什么是集成库? 如何生成集成库?

(3)如何创建原理图库?

(4)原理图文件的创建步骤包括哪些?

(5)原理图文件可以设置哪些属性? 如何设置?

(6)提供的元器件图形不满足设计者的需要应该怎么办?

2.1.1 原理图库、模型库和集成库

1.库文件包(.LibPkg 文件)的组成

库文件包是集成库文件的基础,它将生成集成库所需的那些分立的原理图库、封装库和模型文件有机地结合在一起。库文件包编译生成集成库(.IntLib 文件)。

原理图元器件符号是在原理图库编辑环境中创建的(.SchLib 文件)。原理图库中的元器件会分别使用封装库中的封装和模型库中的模型。设计者可从各元器件库放置元器件,也可以将这些元器件符号库、封装库和模型文件编译成集成库。

2.Altium Designer 的集成库文件

在集成库中的元器件不仅具有原理图中代表元器件的符号,还集成了相应的功能模块,如FootPrint 封装、电路仿真模块、信号完整性分析模块等。在集成库中的元器件不能够被修改,如要修改元器件可以在分离的库中编辑然后再进行编译产生新的集成库即可。

Altium Designer 的集成库文件如图 2-3 所示,它所在的位置为:X\Program Files\Altium\AD22\Library。这里 X 是指用户安装的 Altium Designer 所在的盘。

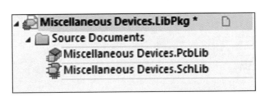

图 2-3　Altium Designer 的集成库文件

Altium Designer 的集成库文件提供了大量的元器件模型(大约 80000 个符合 ISO 规范的元器件)。设计者可以打开一个集成库文件,执行"Extract Sources"命令从集成库中提取出库的源文件,在库的源文件中可以对元器件进行编辑。

2.1.2 库文件包和原理图库的创建

本项目我们要设计的 USB 鼠标电路中需要用到的部分原理图元器件和封装软件自带的库中没有,因此在电路设计之前我们要先自行创建。

设计者创建元器件之前,需要创建一个新的原理图库来保存设计内容。一种方法是新创建一个分立的原理图库,与之关联的模型文件也是分立的;另一种方法是创建一个可被用来结合相关的库文件编译生成集成库的原理图库。使用该方法需要先建立一个库文件包。

这里我们采用第二种方法即新建一个集成库文件包和空白原理图库,步骤如下。

1.创建库文件包

执行 "File"→"New"→"Library"→"Integrated Library"命令,"Projects"面板将显示新建的库文件包,默认名为"Integrated_Library1.LibPkg",如图 2-4 所示。

2.更改名字和存放路径

在图 2-4 中的库文件包上右击弹出快捷菜单执行"Save"命令,将输入库文件包名称改为"USB 鼠标元器件库.LibPkg",更改存放路径,更改好后单击"OK"按钮,就将新建的库文件包以指定的名称保存到特定路径下了,同时"Projects"面板下就生成了指定名称的库文件包,如图 2-5 所示。注意,如果不输入后缀名的话,系统会自动添加默认名。

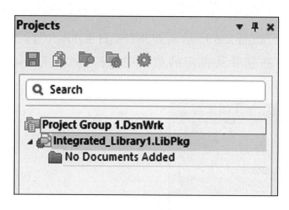

图 2-4　新建库文件包

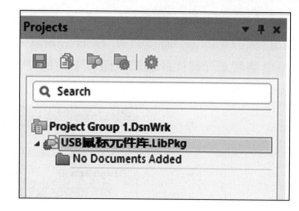

图 2-5　保存好的库文件包

3. 添加空白原理图库文件

执行"File"→"New"→"Library"→"Schematic Library"命令,"Projects"面板将显示新建的原理图库文件,默认名为"Schlibl. SchLib",并自动进入电路图新元器件的编辑界面,如图 2-6 所示。

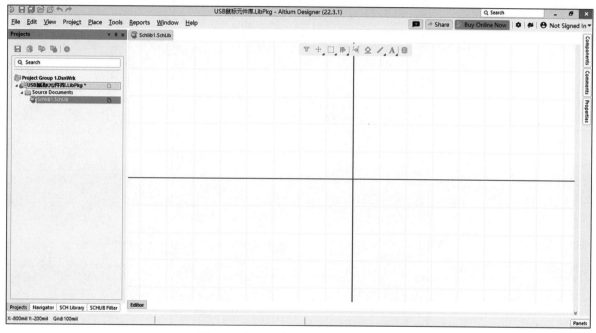

图 2-6　原理图库新元器件的编辑界面

4. 保存

执行"File"→"Save As"命令,将库文件保存为"USB 鼠标原理图库. SchLib",如图 2-7 所示。

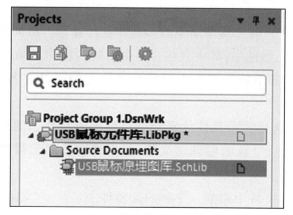

图 2-7　保存好的原理图库

5. 打开 SCH Library 面板

单击"SCH Library"标签打开"SCH Library"面板，如图 2-8 所示。如果"SCH Library"标签未出现，单击电路图新元器件的编辑界面右下角的"Panels"按钮并从弹出的菜单中选择"SCH Library"即可（√表示选中）。

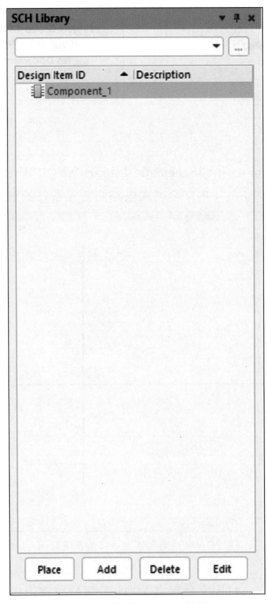

图 2-8　"SCH Library"面板

SCH Library 面板用于对当前元器件库中的元器件进行管理。对元器件进行放置、添加、删除和编辑等工作。新建的原理图元器件库，其中只包含一个新的名称为 Component_1 的元器件。空白区域用于设置元器件过滤项，在其中输入需要查找的元器件起始字母或者数字，在"Components"区域便显示相应的元器件。

"Place"按钮将区域中所选择的元器件放置到一个处于激活状态的原理图中。如果当前工作区没有任何原理图打开，则建立一个新的原理图文件，然后将选择的元器件放置到这个新的原理图文件中。

"Add"按钮可以在当前库文件中添加一个新的元器件。

"Delete"按钮可以删除当前元器件库中所选择的元器件。

"Edit"按钮可以编辑当前元器件库中所选择的元器件。单击此按钮，屏幕将弹出元器件属性设置窗口,可以对该元器件的各种参数进行设置。

在元器件库管理面板中右击弹出的快捷菜单执行"Model Manger"(模型处理器)命令,弹出"Model Manger"信息框,如图 2-9 所示。

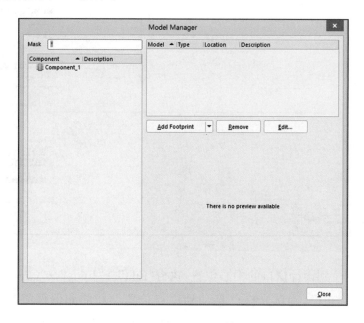

图 2-9 Model Manger 信息框

设计者可以在"Model"信息框中为元器件库管理面板中所选择元器件添加 PCB 封装(PCB Footprint)模型、仿真模型和信号完整性分析模型等。

2.1.3 创建新的原理图元器件

以串/并行 USB 控制器 FT8U232 为例介绍新元器件的创建步骤,FT8U232 的元器件符号如图 2-10 所示。

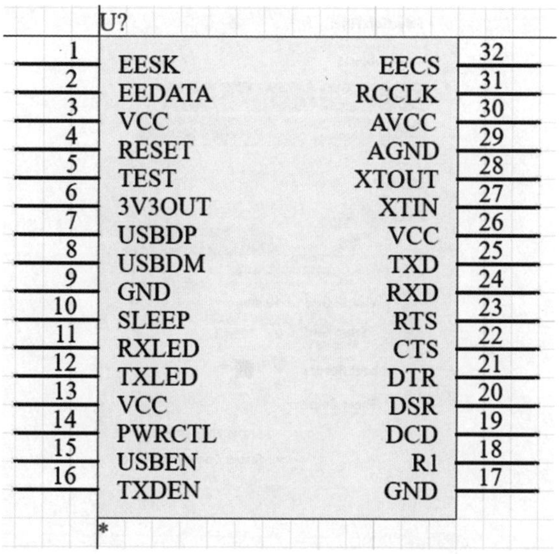

图 2-10 串/并行 USB 控制器 FT8U232

1.重命名元器件

在"SCH Library"面板上的"Components"列表中双击"Component_1"选项,弹出"Properties"面

板,在"Design Item ID"部分输入一个新的、可唯一标识该元器件的名称,如 FT8U232。同时显示一张中心位置有一个巨大十字准线的空白元器件图纸以供编辑,如图 2-11 所示。

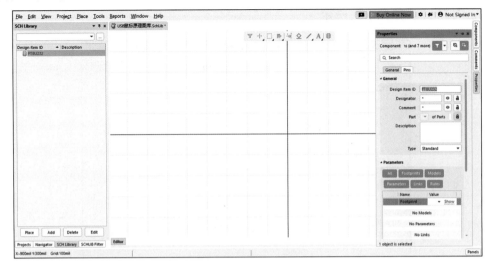

图 2-11　空白元器件图纸

将设计图纸的原点定位到设计窗口的中心位置,执行"Edit"→"Jump"→"Origin"命令。

检查窗口左下角的状态栏,确认光标已移动到原点位置。新的元器件将在原点周围上生成,此时可看到在图纸中心有一个十字准线。设计者应该在原点附近创建新的元器件,因为在以后放置该元器件时,系统会根据原点附近的电气热点定位该元器件。

2.设置单位、捕获网格(Snap)和可视网格(Visible)等参数

单击"Properties"标签打开"Properties"面板,如图 2-12 所示。针对当前使用的例子,此处需要图 2-12所示对话框中的各项参数。

选择"Show Comment/Designator"复选框,以便在当前文档中显示元器件的注释和标识符。

图 2-12　在"Properties"面板设置图纸属性

"Units"部分可以选择英制或是公制单位,如图 2-12 所示,单击"OK"按钮关闭对话框。注意,因为缩小和放大均围绕光标所在位置进行,所以在缩放时需保持光标在原点位置。

3.定义元器件主体

在第 4 象限画矩形框(1300mil×1700mil),执行"Place"→"Rectangle"命令或单击 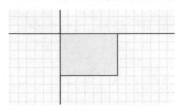 图标,此时鼠标箭头变为十字光标,并带有一个矩形的形状。在图纸中移动十字光标到坐标原点(0,0),单击确定矩形的一个顶点,然后继续移动十字光标到另一位置(1300,−1700),单击确定矩形的另一个顶点,这时矩形放置完毕,如图 2-13 所示。此时,十字光标仍然带有矩形的形状,可以继续绘制其他矩形。

图 2-13　定义元器件主体

4.为元器件添加引脚

(1)执行"Place"→"Pin"命令或单击工具栏按钮,光标处浮现引脚,带电气属性。

(2)放置之前,按下"Tab"键打开"Properties"面板,如图 2-14 所示。如果设计者在放置引脚之前先设置好各项参数,则放置引脚时,这些参数将成为默认参数。连续放置引脚时,引脚的编号和引脚名称中的数字会自动增加。

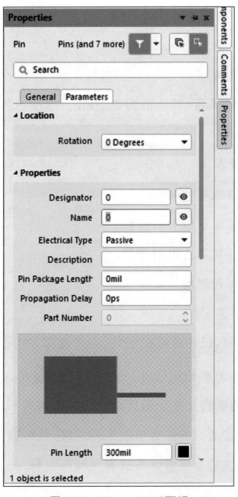

图 2-14　"Properties"面板

（3）在"Properties"面板中，"Name"文本框输入引脚的名字"EESK"，在"Designator"文本框中输入唯一（不重复）的引脚编号"1"，此外，如果设计者想在放置元器件时，引脚名和标识符可见，则需选中"Visible"复选框。

（4）在"Electrical Type"栏，从下拉列表中设置引脚的电气类型。该参数可用于在原理图设计图纸中编译项目或分析原理图文档时检查电气连接是否错误。在本例中，大部分引脚的"Electrical Type"设置成"Passive"，如果是 VCC 或 GND 引脚的"Electrical Type"设置成"Power"。

注意：Electrical Type 是设置引脚的电气性质，包括八项。

①Input   输入引脚

②I/O   双向引脚

③Output   输出引脚

④Open Collector 集电极开路引脚

⑤Passive   无源引脚（如电阻、电容引脚）

⑥HiZ   高阻引脚

⑦Open Emitter   发射极开路引脚

⑧Power   电源（VCC 或 GND）引脚

（5）Location——放置方向设置。

Orientation   引脚的方向

（6）Pin Length 区域设置引脚长度，默认值为 300 mil。后面的色块可以设置引脚颜色，这里采用默认的黑色。

（7）Symbols——引脚符号设置。

①Inside   元器件轮廓的内部

②Inside Edge   元器件轮廓边沿的内侧

③Outside Edge   元器件轮廓边沿的外侧

④Outside   元器件轮廓的外部

每一项里面的设置根据需要选定。

（8）当引脚"悬浮"在光标上时，设计者可按下"Space"键以 90°间隔逐级增加来旋转引脚。注意，引脚只有在其末端具有电气属性也称热点（hot end），如图标 ▦ 所示。也就是在绘制原理图时，只有通过热点才可以与其他元器件的引脚连接。不具有电气属性的另一末端毗邻该引脚的名字字符。

在图纸中移动十字光标，并在适当的位置单击鼠标左键，就可放置元器件的第一个引脚。此时鼠标箭头仍保持为十字光标，可以在适当位置继续放置元器件引脚。

（9）继续添加元器件剩余引脚，确保引脚名、编号、符号和电气属性是正确的。放置了所有需要的引脚之后，右击鼠标，退出放置引脚的工作状态。放置完所有引脚的新建元器件 FT8U232 如图 2-15 所示。

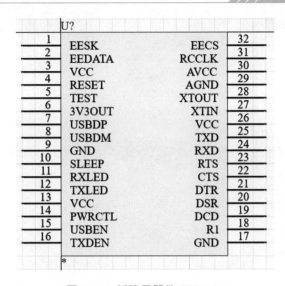

图 2-15 新建元器件 FT8U232

5.保存

完成绘制后,执行"File"→"Save"命令保存建好的元器件。

添加引脚注意事项如下。

(1)放置元器件引脚后,若想改变或设置其属性,可双击该引脚或在"SCH Library"面板"Pins"列表中双击该引脚,打开"Properties"面板。如果想一次多改几个引脚的属性,按住"Shift"键,依次选定每个引脚,再按"F11"键显示"Inspector"面板,就可在该面板中编辑多个引脚。"Inspector"面板的使用会在后面项目和任务中详细介绍。

(2)在字母后使用"\"(反斜线符号)表示引脚名中该字母带有上划线,如 I\N\T\0\将显示为"$\overline{INT0}$"。

(3)若希望隐藏电源和接地引脚,可选中"Hide"复选框。当这些引脚被隐藏时,系统将按"Connect To"区的设置将它们连接到电源和接地网络,比如 VCC 引脚被放置时将连接到 VCC 网络。

(4)执行"View"→"Show Hidden Pins"命令,可查看隐藏引脚;不选择该命令,则隐藏引脚的名称和编号。

(5)设计者可在"SCH Library"面板中编辑若干引脚属性,直接在对应元器件上双击弹出"Properties"面板,选择"Pins"标签,在引脚上右击选择"Edit Pin"选项,如图 2-16 所示,打开"Component Pin Editor"对话框,如图 2-17 所示。

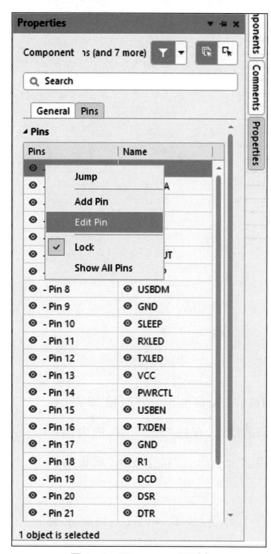

图 2-16 "Properties"面板

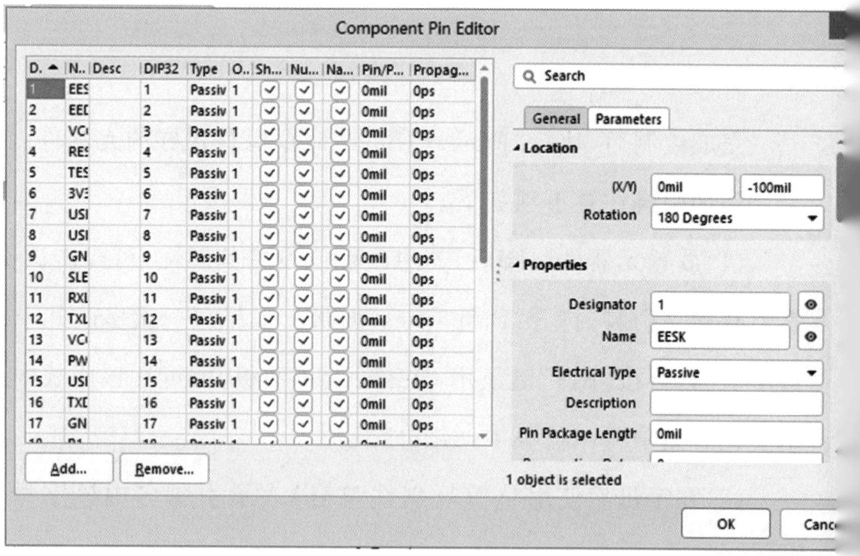

图 2-17 在"Component Pin Editor"对话框中查看和编辑所有引脚

2.1.4 设置原理图元器件属性

设置元器件参数步骤如下。

1. 更改存放元器件名

在"SCH Library"面板的"Components"列表中选择元器件,单击"Edit"按钮或双击元器件名,打开"Properties"面板,如图 2-18 所示。

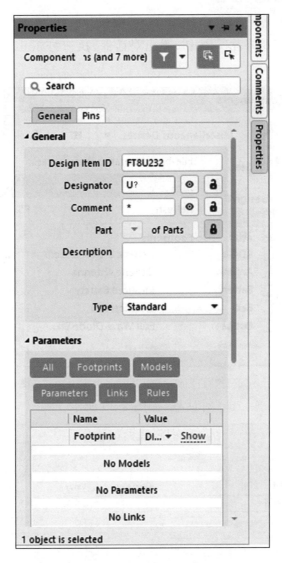

图 2-18　元器件基本参数设置

在"Designator"处设置为"U?",以方便在原理图设计中放置元器件时,自动放置元器件的标识符。如果放置元器件之前已经定义好了其标识符(按"Tab"键进行编辑),则标识符中的"?"将使标识符数字在连续放置元器件时自动递增,如 U1、U2……

2.添加注释内容

在"Comment"处为元器件输入注释内容,该注释会在元器件放置到原理图设计图纸上时显示。

3.添加描述信息

在"Description"区输入描述字符串。如这里可输入:串/并行 USB 控制器 FT8U232。

4.设置其他参数

根据需要设置其他参数。

2.1.5 从其他库中复制

有时设计者需要的元器件在 Altium Designer 提供的库文件中可以找到,但它提供的元器件图形不满足设计者的需要,这时用户可以把该元器件复制到自己建的库里面,然后对该元器件进行修改,以满足需要。本部分以鼠标电路用到的元器件 M93C76RBN1(串行微线总线 EEPROM)为例介绍该方法。具体操作如下。

1.查找串行微线总线 M93C76RBN1

（1）单击"Components"标签，显示"Components"面板。

（2）在"Components"面板中单击▤按钮，弹出对话框，执行"File-based Libraries Search…"命令，如图 2-19 所示。

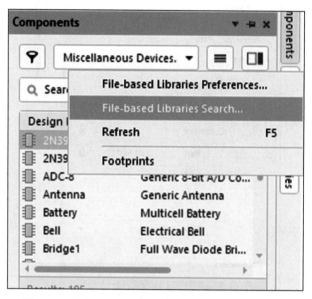

图 2-19　执行"File-based Libraries Search…"命令

弹出"File-based Libraries Search"对话框，如图 2-20 所示。

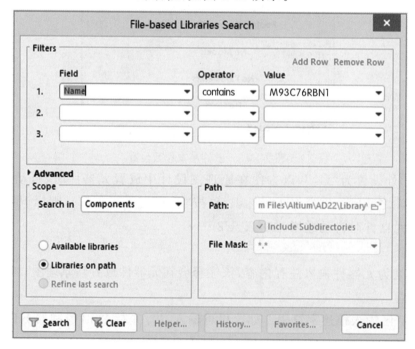

图 2-20　File-based Libraries Search 对话框

选择"Field"选项区域。在"Field"处选择"Name"；在"Operator"处选择"contains"；在"Value"处输入数码管的名字"M93C76RBN1"。

选择"Scope"选项区域，在"Search in"处选择 "Components"，单击单选按钮"Libraries on Path"，并设置"Path"为软件安装目录下的"Library"文件夹，同时确认选中了"Include Subdirectories"复选框，单击"Search"按钮。查找的结果如图 2-21 所示。

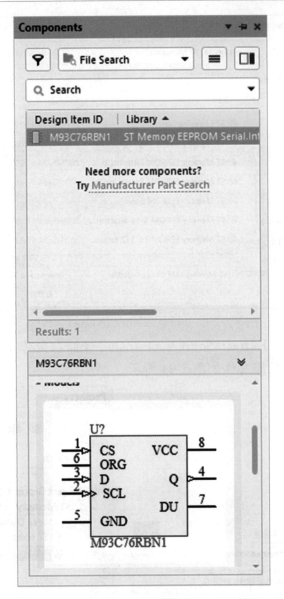

图 2-21 查找的结果

2.打开集成库文件复制元器件

设计者可从其他已打开的原理图库中复制元器件到当前原理图库,然后根据需要对元器件属性进行修改。如果该元器件在集成库中,则需要先打开集成库文件。

(1)执行"File"→"Open"命令,弹出"Choose Document to Open"对话框,找到 Altium Designer 的库安装的文件夹,选择串行微线总线所在集成库文件"ST Memory EEPROM Serial. IntLib",单击"打开(O)"按钮,如图 2-22 所示。

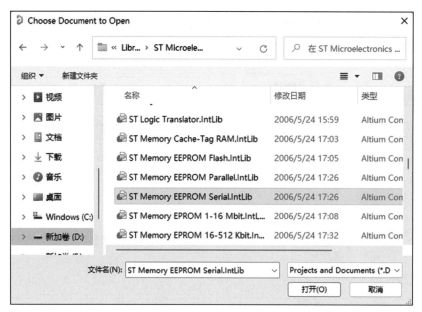

图 2-22　Choose Document to Open 对话框

（2）弹出图 2-23 所示的"Extract Sources or Install"（抽取源库文件或安装）的对话框，选择"Extract Sources"选项，释放的库文件如图 2-24 所示。

图 2-23　抽取源库文件或安装对话框　　　　图 2-24　释放的库文件

（3）在"Projects"面板打开该源库文件（ST Memory EEPROM Serial. Schlib），鼠标双击该文件名。

（4）在"SCH Library"面板"Components"列表中选择想复制的元器件，该元器件将显示在设计窗口中（如果"SCH Library"面板没有显示，可单击窗口底部 SCH 按钮，弹出上拉菜单选择"SCH Library"）。

（5）执行"Tools"→"Copy Components"命令，将弹出"Destination Library"目标库对话框，如图 2-25 所示。

（6）选择想复制的元器件到目标库的库文件，单击"OK"按钮，元器件将被复制到目标库文档中（元器件可从当前库中复制到任一个已打开的库中）。

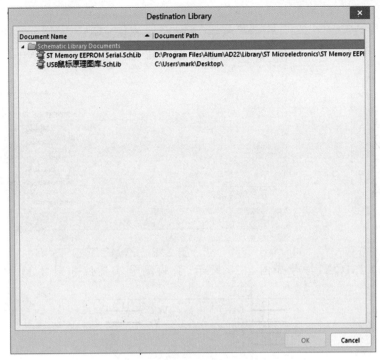

图 2-25　"Destination Library"目标库对话框

设计者可以通过"SCH Library"面板一次复制一个或多个元器件到目标库,按住"Ctrl"键单击元器件名可以离散地选中多个元器件或按住"Shift"键单击元器件名可以连续地选中多个元器件,保持选中状态并右击,在弹出的菜单中选择"Copy"选项。打开目标文件库,选择"SCH Library"选项,右击"Components"列表,在弹出的菜单中选择"Paste"选项即可将选中的多个元器件复制到目标库。

3.把微线总线 M93C76RBN1 改成需要的形状

(1)选择黄色的矩形框,把它改成左上角坐标(0,0),右下角坐标(800,−400)的矩形框。

(2)把引脚移到如图 2-26 所示的位置。

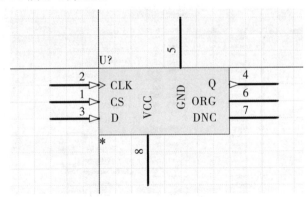

图 2-26　修改好的 M93C76RBN1

学习反思

以小组为单位展开学习反思,回顾整个任务的学习和操作过程,检查是否已经掌握重难点? 并完成任务作业。

任务作业

1.绘制完成:四口连接器 CON4,符号如图 2-27 所示,引脚编号及属性如图 2-28 所示。

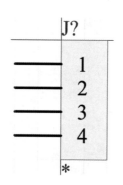

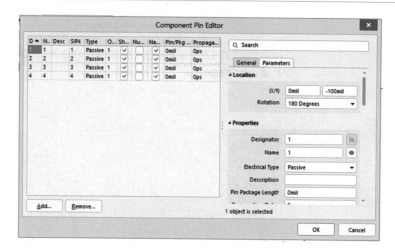

图 2-27　CON4 符号　　　　　　　　　图 2-28　CON4 引脚编号及属性

2.绘制完成：MAX231CA，符号如图 2-29 所示，引脚编号及属性如图 2-30 所示。

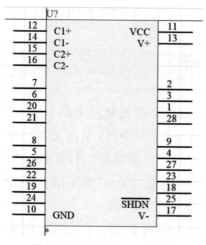

图 2-29　MAX231CA 符号

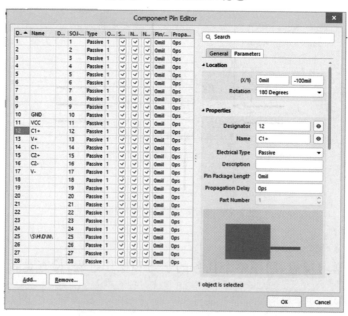

图 2-30　MAX231CA 引脚编号及属性

任务 2.2 多部件元器件的创建

2.2.1 多部件原理图元器件

前面示例中所创建的元器件的模型代表了整个元器件，即单一模型代表了元器件制造商所提供的全部物理意义上的信息（如封装）。但有时候，一个物理意义上的元器件只代表某一部件会更好。比如一个由 8 只分立电阻构成，每一只电阻可以被独立使用的电阻网络。再比如 2 输入四与门芯片 74LS08，实物如图 2-31 所示，引脚排列如图 2-32 所示。该芯片包括 4 个 2 输入与门，这些 2 输入与门可以独立地被随意放置在原理图上的任意位置，此时将该芯片描述成 4 个独立的 2 输入与门部件，比将其描述成单一模型更方便实用。

图 2-31 2 输入四与门芯片 74LS08 的实物图

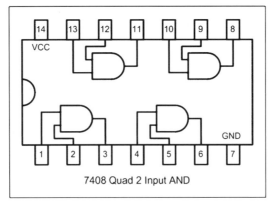

图 2-32　2 输入四与门芯片 74LS08 的引脚图

4 个独立的 2 输入与门部件共享 1 个元器件封装,如果在一张原理图中只用了 1 个与门,在设计 PCB 时要用 1 个元器件封装,只是闲置了 3 个与门;如果在一张原理图中用了 4 个与门,在设计 PCB 时还是只用 1 个元器件封装,只是没有闲置与门。

多部件元器件就是将元器件按照独立的功能块进行描绘的一种方法。

这里以 2 输入四与门 74LS08 为例练习多部件元器件的创建。

1. 创建新元器件

在"Schematic Library"编辑器中执行"Tools"→"New Component"命令,弹出"New Component"对话框。

另一种方法:在"SCH Library"面板,单击"Add"按钮,弹出"New Component"对话框,如图 2-33 所示。

图 2-33　"New Component"对话框

2. 修改元器件名称

在"New Component"对话框内,输入新元器件名称"74LS08",单击"OK"按钮,在"SCH Library"面板"Components"列表中将显示新元器件名,同时显示一张中心位置有一个巨大十字准线的空元器件图纸以供编辑。

3. 建立各部件

下面将详细介绍如何建立第一个部件及其引脚,其他部件将以第一个部件为基础来建立,只需要更改引脚序号即可。建立部件主要包括建立元器件轮廓、添加信号引脚、建立元器件其余部件、添加电源引脚等步骤。

首先建立元器件轮廓,步骤如下。

元器件体由若干线段和圆角组成,执行"Edit"→"Jump"→"Origin"命令使元器件原点在编辑页的中心位置,同时要确保网格清晰可见。

(1)放置线段。

①为了画出的符号清晰、美观,Altium Designer 状态显示条会显示当前网格信息,本例中设置网格值为"50"。

②执行"Place"→"Line"命令或单击工具栏 🖉 按钮,光标变为十字准线,进入折线放置模式。

③按"Tab"键设置线段属性,在"Polyline"对话框中设置线段宽度为"Small"。

④参考状态显示条左侧 X、Y 坐标值,将光标移动到(250,−50)位置,按"Enter"键选定线段起始点,用鼠标单击各分点位置从而分别画出折线的各段[单击位置分别为(0,−50)、(0,−350)、(250,−350)],如图 2-34 所示。

⑤完成折线绘制后,右击或按"Esc"键退出放置折线模式,注意要保存元器件。

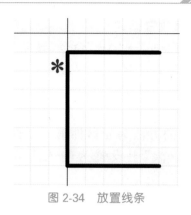

图 2-34   放置线条

（2）绘制圆弧。

放置一个圆弧需要设置 4 个参数：中心点、半径、圆弧的起始角度、圆弧的终止角度。注意：可以按"Enter"键代替单击方式放置圆弧。

①执行"Place"→"Arc"命令，光标处显示最近所绘制的圆弧，进入圆弧绘制模式。

②按"Tab"键弹出"Arc"对话框，设置圆弧的属性（可使用鼠标或直接输入数值），这里将半径设置为"150mil"，起始角度设置为"270"，终止角度为"90"，线条宽度为"Small"，如图 2-35 所示。

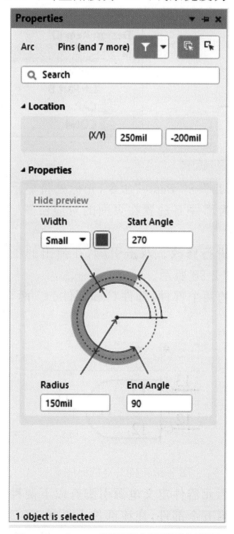

图 2-35   在 Arc 对话框中设置圆弧属性

③移动光标到（250，－200）位置，按"Enter"键或单击鼠标左键选定圆弧的中心点位置，无须移动鼠标，光标会根据"Arc"对话框中所设置的半径自动跳到正确的位置，按"Enter"键确认半径设置。

④光标跳到对话框中所设置的圆弧起始位置，不移动鼠标按"Enter"键确定圆弧起始角度，此时光标跳到圆弧终止位置，按"Enter"键确定圆弧终止角度。

⑤右击鼠标或按"Esc"键退出圆弧放置模式。

⑥绘制圆弧的另一种方法:执行"Place"→"Arc"命令,鼠标单击圆弧的中心(250,−200),鼠标单击圆弧的半径(400,−200),鼠标单击圆弧的起始点(250,−350),鼠标单击圆弧的终点(250,−50),即绘制好圆弧,右击鼠标或按"Esc"键退出圆弧放置模式。

(3)添加信号引脚,步骤如下。

设计者可使用任务 2.1 中所介绍的方法为元器件第一个部件,部件 A 添加引脚。如图 2-36 所示,引脚 1 和引脚 2 在"Electrical Type"上设置为输入引脚(Input),引脚 3 设置为输出引脚(Output),所有引脚长度均为 200mil。

(4)接下来的任务是建立元器件其余部件,步骤如下:

①执行"Edit"→"Select"→"All"命令选择目标元器件;

②执行"Edit"→"Copy"命令将前面所建立的第一部件复制到剪贴板;

③执行"Tools"→"New Part"命令显示空白元器件页面,此时若在"SCH Library"面板"Components"列表中单击元器件名左侧▶标识,将看到"SCH Library"面板元器件部件被更新,包括 Part A 和 Part B 两个部件,如图 2-37 所示。

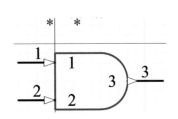

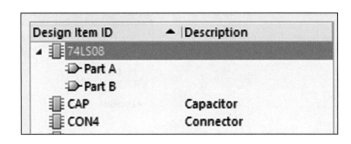

图 2-36　元器件 74LS08 的部件 A 及其引脚　　　　图 2-37　元器件部件被更新

④选择部件"Part B",执行"Edit"→"Paste"命令,光标处将显示元器件部件轮廓,以原点(黑色十字准线为原点)为参考点,将其作为部件 B 放置在页面的对应位置,如果位置没对应好可以移动部件调整位置。

⑤对部件 B 的引脚编号逐个进行修改。双击引脚,在弹出的"Properties"对话框中修改引脚的编号和名称,修改后的部件 B 如图 2-38 所示。

⑥重复步骤③~⑤生成余下的两个部件:部件 C 和部件 D。两个部件分别如图 2-39 和图 2-40 所示,并保存库文件。

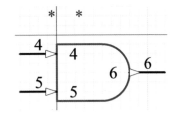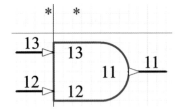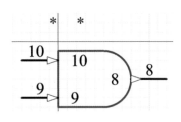

图 2-38　修改后的部件 B　　　　图 2-39　74LS08 的部件 C　　　　图 2-40　74LS08 的部件 D

⑦为元器件添加电源引脚。为元器件定义电源引脚有以下两种方法。

第一种方法是建立元器件的第五个部件,在该部件上添加 VCC 引脚和 GND 引脚。这种方法需要选中"Component Properties"对话框的"Locked"复选框,以确保在对元器件部件进行重新注释的时候电源部分不会跟其他部件交换。

第二种方法是将电源引脚设置成隐藏引脚,元器件被使用时系统会自动将其连接到特定网络。因为在多部件元器件中,隐藏引脚不属于某一特定部件而是属于所有部件(不管原理图是否放置了某一部件,它们都会存在),所以,在设置隐藏引脚时只需要将引脚分配给一种特殊的部件——Zero 部件就可以了,该部件存有其他部件都会用到的公共引脚。

　　首先为元器件添加 VCC(Pin14)和 GND(Pin7)引脚,将其"Part Number"属性设置为"0","Electrical Type"属性设置为"Power"。完整的元器件部件就绘制完成了,如图 2-41 所示,注意检查电源引脚是否在每一个部件中都存在。

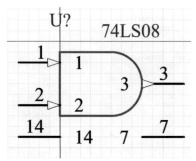

图 2-41　部件 A 显示出隐藏的电源引脚

2.2.2 检查元器件并生成报表的操作

　　检查建立的新元器件是否有错误,会生成 3 个报表,生成报表之前需确认已经对库文件进行了保存,关闭报表文件会自动返回"Schematic Library Editor"界面。

　　1.元器件规则检查器

　　元器件规则检查器会检查出引脚重复定义或者丢失等错误,其使用步骤如下所示。

　　(1)执行"Reports"→"Component Rule Check"命令,显示"Library Component Rule Check"对话框,如图 2-42 所示。

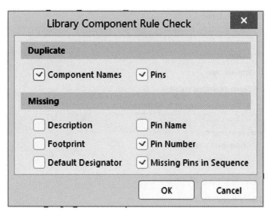

图 2-42　"Library Component Rule Check"对话框

　　这里可以检查是否有重复的元器件名字、引脚名字,是否有丢失描述、引脚名、封装、引脚号、默认的标号,以及引脚标号的连续性等。

　　(2)设置想要检查的各项属性,单击"OK"按钮,将在"Text Editor"中生成"Libraryname.err"文件,里面列出了所有违反了规则的元器件。

　　(3)如果需要对原理图库中的元器件进行修改,重复上述步骤。

　　(4)保存原理图库。

　　2.元器件报表

　　元器件报表是指当前元器件的可用信息。生成包含当前元器件可用信息的元器件报表的步骤如下。

　　(1)执行"Reports"→"Component"命令。

　　(2)系统显示"Libraryname.cmp"报表文件,里面包含了元器件各个部分及引脚细节信息。

这里以任务 2.1 中绘制的 M93C76RBN1 为例,生成的元器件报表如图 2-43 所示。

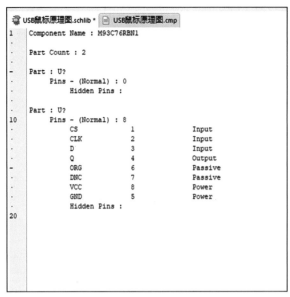

图 2-43 M93C76RBN1 的元器件报表

3.库报表

为库里面所有元器件生成完整报表的步骤如下所示。

(1)执行"Reports"→"Library Report"命令,弹出"Library Report Settings"对话框,如图 2-44 所示。

图 2-44 "Library Report Settings"对话框

(2)在弹出的"Library Report Settings"对话框中配置报表各设置选项,报表文件可用 Microsoft Word 软件或网页浏览器打开,这主要取决于选择的文件格式。该报告列出了库内所有元器件的信息,如图 2-45 所示。

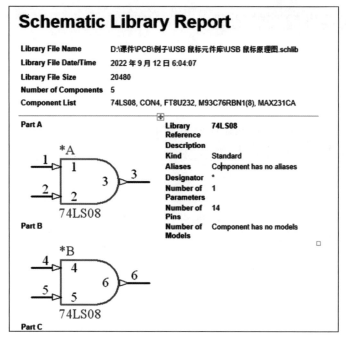

图 2-45 原理图库报表文件

学习反思

以小组为单位展开学习反思,回顾整个任务的学习和操作过程,是否已经掌握重难点?

任务作业

1.绘制完成多部件元器件:74LS08。

2.检查绘制的元器件有无错误,同时生成元器件报表和库报表。

任务 2.3 PCB 元器件封装的创建

▷知识目标

(1)了解 PCB 库的概念。

(2)掌握使用 PCB Component Wizard 功能创建封装的方法。

(3)掌握手工创建元器件封装的方法。

(4)了解从其他来源添加封装的方法。

▷能力目标

(1)能够使用 PCB Component Wizard 功能创建封装。

(2)能够手工创建元器件封装。

(3)能够从其他来源添加封装。

▷素质目标

(1)养成严谨的工作习惯。

(2)培养深厚的爱国情感。

学习重点

手工创建元器件封装。

学习难点

手工创建元器件封装。

任务导学

(1)复习本项目的任务 2.1、任务 2.2,回顾元器件原理图的生成方法。

(2)课中,学习两种 PCB 封装的创建方法:使用向导创建和手工创建。

(3)课中,以组为单位进行 PCB 封装的创建并讨论创建结果。

(4)课后,完成布置的相关练习。

任务实施与训练

▷问题驱动

(1)PCB 封装是什么? 如何创建 PCB 封装元器件文件?

(2)手动绘制元器件封装需要注意什么?

(3)如何从其他来源添加封装?

(4)封装之后的元器件库如何进行检查?

2.3.1 PCB 元器件封装介绍

Altium Designer 为 PCB 设计提供了比较齐全的各类直插元器件和 SMD 元器件的封装库,这些封装库位于 Altium Designer 安装盘符下的路径:\Program Files \Altium\AD22\Library\Pcb。

封装可以从"PCB Editor"复制到 PCB 库,或是从一个 PCB 库复制到另一个 PCB 库,也可以通过"PCB Library Editor"的"PCB Component Wizard"功能或绘图工具画出来。

在一个 PCB 设计中,如果所有的封装已经放置好,设计者可以在"PCB Editor"中执行"Design"→"Make PCB Library"命令生成一个只包含当前所有封装的 PCB 库。

本任务介绍的示例采用了手动方式创建 PCB 封装,目的是介绍 PCB 封装建立的一般过程,这种方式所建立的封装,其尺寸大小也许并不准确,实际应用时需要设计者根据元器件制造商提供的元器件数据手册进行检查。

2.3.2 创建一个新的 PCB 库

在本项目任务 2.2 新建的库文件包的基础上新建 PCB 库,具体步骤如下。

1.新建 PCB 库

执行"File"→"New"→"Library"→"PCB Library"命令,建立一个名为"PcbLibl. PcbLib"的 PCB 库文档,同时显示名为"PCBComponent_l"的空白元器件页,并显示"PCB Library"库面板,如图 2-46 所示。

图 2-46　新建 PCB 库

2.重命名

重新命名该 PCB 库文档为"USB 鼠标封装库. PcbLib"(可以执行"File"→"Save As"命令),新 PCB 封装库是库文件包的一部分,如图 2-47 所示。

图 2-47　添加了封装库后的库文件包

3.单击"PCB Library"标签进入"PCB Library"面板

如图 2-48 所示的"PCB Library"面板提供操作 PCB 元器件的各种功能,"PCB Library"面板的"Footprints"区域列出了当前选中库的所有元器件。

(1)在"Footprints"区域中右击鼠标将显示菜单选项,设计者可以新建元器件、编辑元器件属性、复制或粘贴选定元器件,或更新开放 PCB 的元器件封装。请注意菜单的"Copy/Paste"命令可用于选中的多个封装,并支持:

①在库内部执行复制和粘贴操作;

②从 PCB 板复制和粘贴到库;

③在 PCB 库之间执行复制和粘贴操作。

(2)"Footprints Primitives"区域列出了属于当前选中元器件的图元。单击列表中的图元,在设计窗口中选中并放大显示。

(3)在"Footprints Primitives"区域下是元器件封装模型显示区,该区域有一个选择框,选择框选择哪一部分,设计窗口就显示那部分,可以调节选择框的大小。

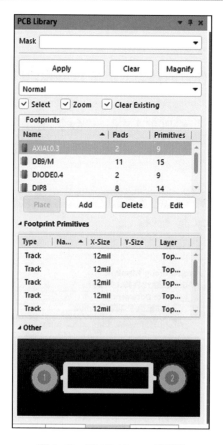

图 2-48　"PCB Library"面板

4. 放大看清网格

单击一次"PCB Library Editor"工作区的灰色区域并按"Page Up"键进行放大,直到能够看清网格,如图 2-49 所示。

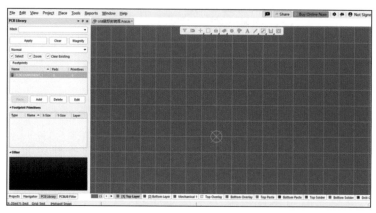

图 2-49　"PCB Library Editor"工作区

现在就可以使用"PCB Library Editor"提供的命令在新建的 PCB 库中添加、删除或编辑封装了。"PCB Library Editor"用于创建和修改 PCB 元器件封装,管理 PCB 元器件库。"PCB Library Editor"还提供"Footprint Wizard"功能,它将引导你创建标准类的 PCB 封装。

2.3.3 新建元器件封装

1. 使用向导封装

对于标准的 PCB 元器件封装,Altium Designer 为用户提供了 PCB 元器件封装向导,帮助用户完成 PCB 元器件封装的制作。主要包括两种方法:

①使用 Footprint Wizard 功能创建封装;②使用 IPC Compliant Footprint Wizard 功能创建封装。

(1)使用 Footprint Wizard 创建封装。

Footprint Wizard 使设计者在输入一系列设置后就可以建立一个元器件封装,接下来将演示如何利用向导为串/并行 USB 控制器 FT8U232 建立封装 DIP32。

使用 Footprint Wizard 建立 DIP32 封装步骤如下。

①执行"Tools"→"Footprint Wizard"命令,或者直接在"PCB Library"工作面板的"Component"列表中右击鼠标,在弹出的菜单中选择"Footprint Wizard"命令,弹出"Footprint Wizard"对话框,如图 2-50 所示,单击"Next"按钮,进入向导。

②对所用到的选项进行设置,建立 DIP32 封装需要如下设置:在模型样式栏内选择"Dual In-line Package(DIP)"选项(封装的模型是双列直插),单位选择"Imperial(mil)"选项(英制),如图 2-51 所示,单击"Next"按钮。

图 2-50 "Footprint Wizard"对话框

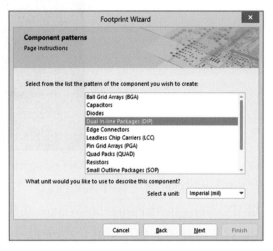

图 2-51 封装模型与单位选择

③进入焊盘大小选择对话框,如图 2-52 所示,圆形焊盘选择外径为"62mil"、内径为"35mil"(直接输入数值修改尺度大小),单击"Next"按钮,进入焊盘间距选择对话框,如图 2-53 所示,为水平方向设为"600mil"、垂直方向为"100mil",单击"Next"按钮,进入元器件轮廓线宽的选择对话框,选默认设置(10mil),单击"Next"按钮,进入焊盘数选择对话框,设置焊盘(引脚)数目为"32",单击"Next"按钮,进入元器件名选择对话框,默认的元器件名为"DIP32",如果不修改它,直接单击"Next"按钮。

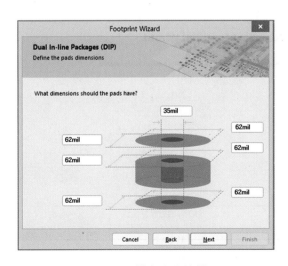

图 2-52 焊盘大小选择

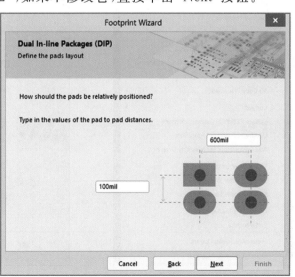

图 2-53 选择焊盘间距

④进入最后一个对话框,单击"Finish"按钮结束向导,在 "PCB Library"面板的"Components"列表中会显示新建的 DIP32 封装名,同时设计窗口会显示新建的封装,如有需要可以对封装进行修改,如图 2-54 所示。

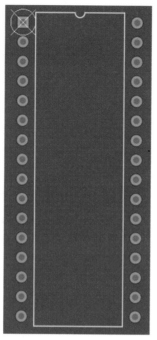

图 2-54 使用"PCB Component Wizard"功能建立 DIP32 封装

⑤执行"File"→"Save"命令保存库文件。

(2)使用 IPC Compliant Footprint Wizard 功能创建封装。

符合 IPC 封装标准的都能使用 IPC Compliant Footprint Wizard 功能,接下来将演示如何利用向导为 MAX231CA 建立封装 SOJ-28。

执行"Tool"→"IPC Compliant Footprint Wizard "命令,如图 2-55 所示。进入 IPC 向导,如图 2-56 所示。

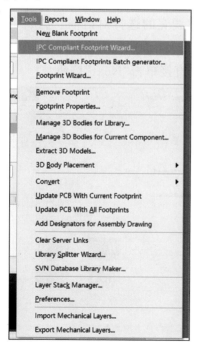

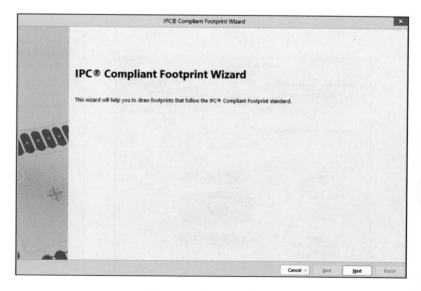

图 2-55 IPC Compliant Footprint Wizard   图 2-56 进入 IPC 向导

在向导内选择"SOJ"封装类型,如图 2-57 所示,并单击"Next"按钮进入封装类型参数设置,如图 2-58 所示。

在 SOJ 向导内根据此元器件的官方数据手册中的参数表格,并结合其示意图将对应参数填写到 SOIC 向导内。注意,有些元器件厂家由于执行的是企业内部标准而非国际标准,有些参数项的代号与 IPC 向导代号不一致,因此要结合示意图来填写参数。

在 SOJ 向导内不需要填写管脚间距参数,因为该类封装所有的管脚间距都是 1.27mm,在此例只需填写元器件占位宽度(Width Range)、元器件长度(Maximum body length)、管脚数目(Number of pins)等参数项,如图 2-58 所示。

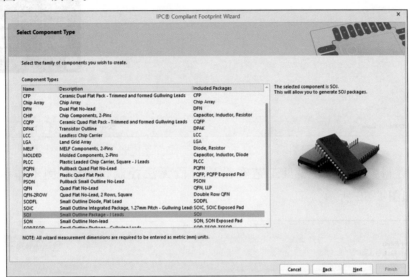

图 2-57　IPC 向导选择"SOJ"封装类型

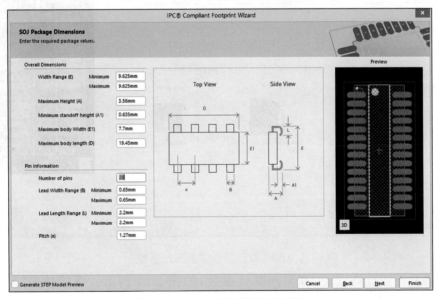

图 2-58　SOJ 封装类型参数设置

在这一步设置管脚后跟对后跟的间距,本例采用默认参数。单击"Next"按钮进入下一步,如图 2-59 所示。

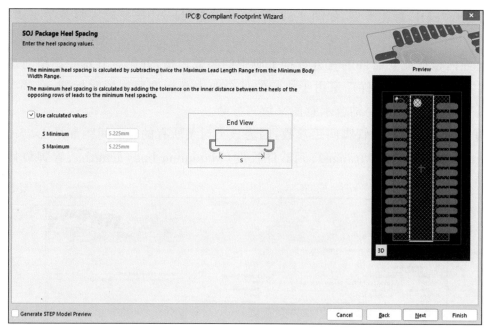

图 2-59　SOJ 封装类型管脚间距的设置

在这一步设置焊料参数,由于焊盘工艺在设计阶段无法控制,因此本例不作设置。单击"Next"按钮进入下一步,如图 2-60 所示。

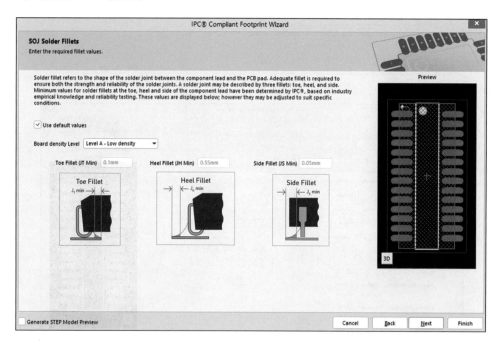

图 2-60　SOJ 封装设置焊料参数

接下来两步都是设置允许误差,都采用默认参数,如图 2-61 所示。直接单击"Next"按钮进入下一步,如图 2-62 所示。

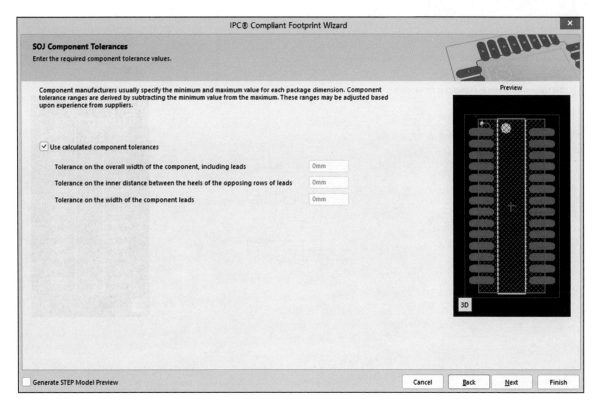

图 2-61　允许误差设置 1

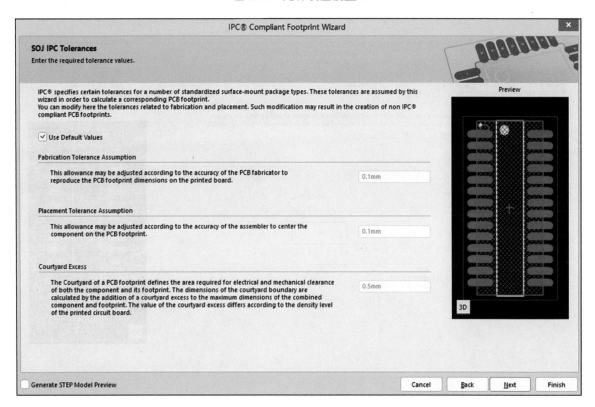

图 2-62　允许误差设置 2

在这一步设置焊盘的大小和间距,需要自己设置,如图 2-63 所示。

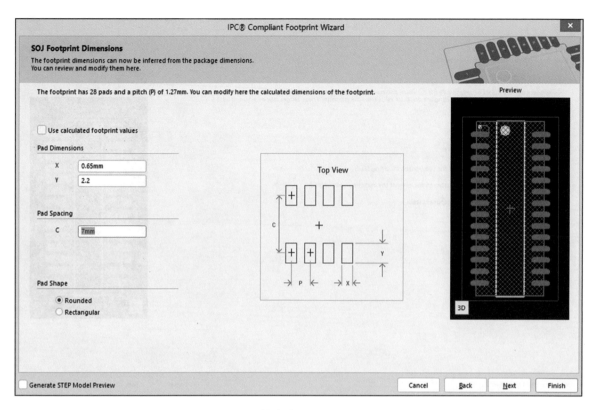

图 2-63　焊盘的大小和间距设置

这一步设置丝印参数,可以采用默认参数,如图 2-64 所示。单击"Next"按钮进入下一步。

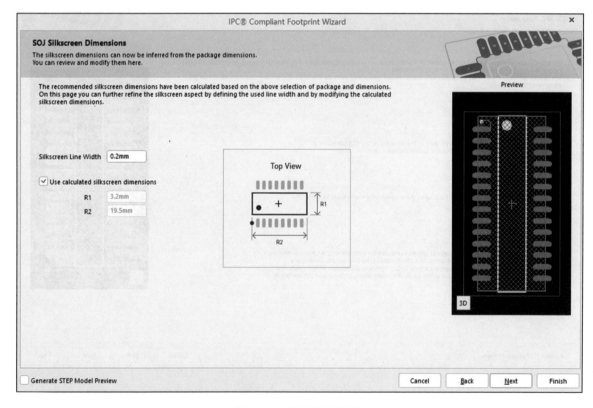

图 2-64　丝印参数设置

在这一步选择是否生成元器件的装配符号、D 大占位符号以及该元器件的 3D 模型,设计者可自行决定是否需要,本例全部不选。单击"Next"按钮进入下一步,如图 2-65 所示。

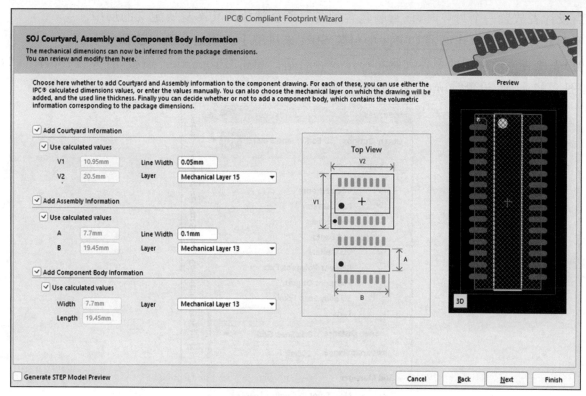

图 2-65 3D 模型等设置

最后一步就是重新命名该封装了,这里我们取消"Use suggested values"勾选项,然后在"Name"一栏输入"SOJ-28",再单击"Finish"按钮即完成本封装的设计,如图 2-66 所示。

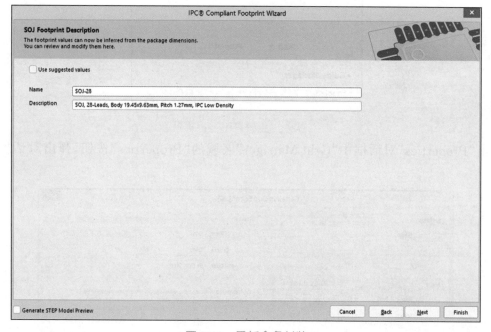

图 2-66 重新命名封装

2. 手工创建封装

对于形状特殊的元器件,用"Footprint Wizard"功能不能完成该元器件的封装建立,这个时候就要用手工方法创建该元器件的封装。创建一个元器件封装,需要为该封装添加用于连接元器件引脚的焊盘和定义元器件轮廓的线段和圆弧。设计者可将所设计的对象放置在任何一层,但一般的做法是:将元器件外部轮廓放置在 Top Overlay 层(即丝印层),焊盘放置在 Multilayer 层(对于直插元器件)或顶层信号层(对于贴片元器件)。

当设计者放置一个封装时,该封装包含的各对象会被放到其本身所定义的层中。

下面通过绘制四口连接器 CON4 的封装 SIP4 来讲解手工创建方法。步骤如下。

(1)先检查当前使用的单位和网格显示是否合适。单击"Properties"面板,打开"Properties"对话框,如图 2-67 所示,设置"Units"为"Imperial"(英制)。

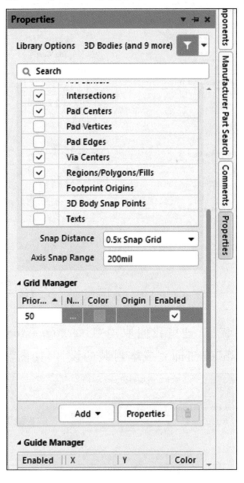

图 2-67 "Properties"对话框

接着单击"Properties"对话框中"Grid Manager"区域的"Properties"按钮,弹出对话框,如图 2-68 所示。

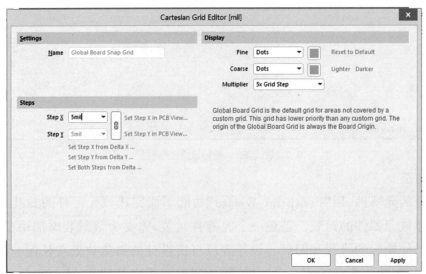

图 2-68 "Cartesian Grid Editor"对话框

在"Cartesian Grid Editor[mil]"对话框中,将"Step X"与"Step Y"设置为"10mil",其他为默认设置,如图 2-69 所示,单击"Apply"按钮让设置生效。

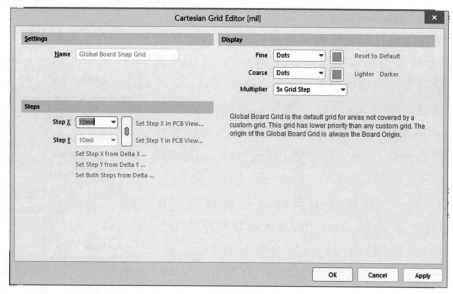

图 2-69　设置网格

(2)执行"Tools"→"New Blank Component"命令,建立了一个默认名为"PCBCOMPONENT_1"的新的空白元器件,如图 2-70 所示。

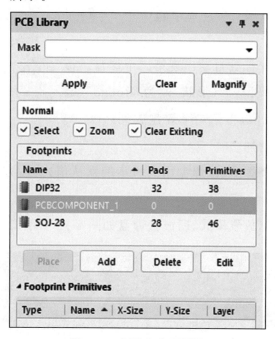

图 2-70　新建空白元器件

(3)在"PCB Library"面板双击该封装名(PCBCOMPONENT_1),弹出"PCB Library Footprint[mil]"对话框,为该元器件重新命名,在"PCB Library Footprint"对话框中的"Name"处,输入新名称"SIP4"。

推荐在工作区(0,0)参考点位置(有原点定义)附近创建封装,在设计的任何阶段,使用快捷键(J,R)就可使光标跳到原点位置。

(4)为新封装添加焊盘。

"Pad Properties"对话框为设计者在所定义的层中检查焊盘形状提供了预览功能,设计者可以将焊盘设置为标准圆形、椭圆形、方形等,还可以决定焊盘是否需要镀金,同时其他一些基于散热、间隙计算、Gerber 输出、NC Drill 等设置可以由系统自动添加。无论是否采用了某种孔型，NC Drill Output（NC Drill Excellon format 2）将为 3 种不同孔型输出 6 种不同的 NC 钻孔文件。

放置焊盘是创建元器件封装中最重要的一步，焊盘放置是否正确，关系到元器件是否能够被正确焊接到 PCB，因此焊盘位置需要严格对应元器件引脚的位置。

放置焊盘的步骤如下。

①执行"Place"→"Pad"命令或单击工具栏按钮，光标处将出现焊盘。放置焊盘之前，先按"Tab"键，弹出"Properties"对话框，如图 2-71 所示。

②如图 2-71 所示对话框中编辑焊盘各项属性。在"Properties"对话框中的"Designator"处，输入焊盘的序号"1"；在"Layer"选择框，选择"Multi-Layer"（多层）；在"Size and Shape"（大小和形状）选择框，设置"X-Size"为"50mil"，"Y-Size"为"50mil"，"Shape"为"Rectangular"（方形），"Hole Size"（焊盘孔径）为"32mil"，孔的形状为"Round"（圆形）；其他选默认值，单击"OK"按钮，建立第一个方形焊盘。

③利用状态栏显示坐标，将第一个焊盘拖到(0,0)位置，单击或者按"Enter"键确认放置。

④放置完第一个焊盘后，光标处自动出现第二个焊盘。按"Tab"键，弹出对话框，将焊盘"Shape"（形状）改为"Round"（圆形），其他设置用上一步的默认值，将第二个焊盘放到(100,0)位置。注意：焊盘标识会自动增加。

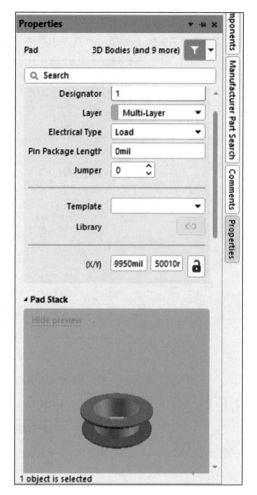

图 2-71 "Properties"对话框设置焊盘参数

⑤在(200,0)处放置第三个焊盘（该焊盘用上一步的默认值）。X 方向间隔 100mil，Y 方向不变，放好第四焊盘。

⑥右击或者按"Esc"键退出放置模式，所放置焊盘如图 2-72 所示。

图 2-72 放置好焊盘的连接器

（5）为新封装绘制轮廓。

PCB 丝印层的元器件外形轮廓在 Top Overlay（顶层）中定义，如果元器件放置在电路板底面，则该丝印层自动转为 Bottom Overlay（底层）。

①在绘制元器件轮廓之前，先确定它们所属的层，单击编辑窗口底部的"Top Overlay"标签。

②执行"Place"→"Line"命令或单击按钮，放置线段前可按"Tab"键编辑线段属性，这里选默认值。外框的四个顶点坐标值分别为(-50,50)(350,50)(350,-50)(-50,-50)，内部垂直线的两个端点坐标为(50,-50)(50,50)。

右击或按"ESC"键退出线段放置模式。建好的 SIP4 封装符号如图 2-73 所示。

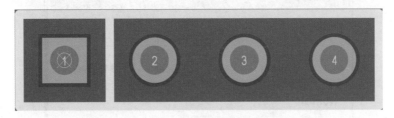

图 2-73　建好的 SIP4 封装

注意：

①画线时，按"Shift＋Space"组合键可以切换线段转角（转弯处）形状；

②画线时如果出错，可以按"Backspace"键删除最后一次所画线段；

③按"Q"键可以将坐标显示单位从"mil"改为"mm"；

④在手工创建元器件封装时，一定要与元器件实物相吻合。否则 PCB 板做好后，元器件安装不上。

3. 从其他来源添加封装

74LS08 的封装 DIP-14 在"Miscellaneous Devices. Pcblib"库内。设计者可以将已有的封装复制到自己建的 PCB 库，并对封装进行重命名和修改以满足特定的需求，复制已有封装到 PCB 库可以参考以下方法。

（1）在"Projects"面板打开该源库文件（Miscellaneous Devices. Pcblib），双击该文件名。

（2）在"PCB Library"面板中查找 DIP-14 封装。找到后，在"Components"选项栏的"Name"列表中选择想复制的元器件 DIP-14，该元器件将显示在设计窗口中。

（3）右击鼠标，从弹出的下拉菜单内单执行"Copy"命令，如图 2-74 所示。

（4）选择目标库的库文档（如 PCB FootPrints. PcbLib 文档），再单击"PCB Library"面板，在"Components"区域，右击鼠标，弹出下拉菜单，如图 2-75 所示。选择"Paste 1 Components"选项，元器件将被复制到目标库文档中（元器件可从当前库中复制到任一个已打开的库中）。如有必要，可以对元器件进行修改。

（5）在"PCB Library"面板中按住"Shift 键＋鼠标左键"或按住"Ctrl 键＋鼠标左键"选中一个或多个封装，然后右击选择"Copy"选项。切换到目标库，在封装列表栏中右击选择"Paste"选项，即可一次复制多个元器件。

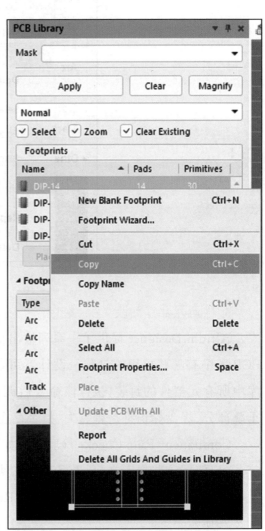

图 2-74　选择想复制的封装元器件 DIP-14

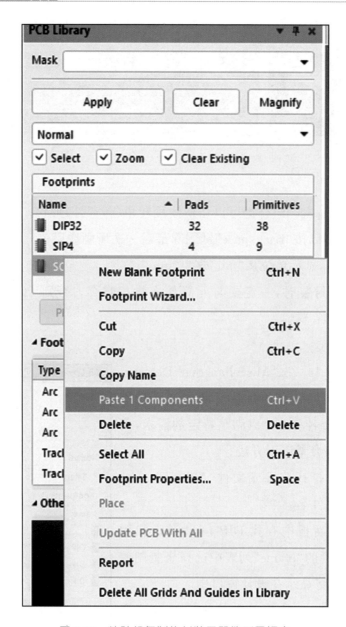

图 2-75　粘贴想复制的封装元器件到目标库

4. 检查元器件封装

Altium Designer 提供了一系列输出报表供设计者检查所创建的元器件封装是否正确以及当前 PCB 库中有哪些可用的封装。设计者可以通过"Component Rule Check"输出报表以检查当前 PCB 库中所有元器件的封装,执行该命令后调出的检查器"Component Rule Checker"可以检验是否存在重叠部分、焊盘标识符是否丢失、是否存在浮铜、元器件参数是否恰当。

Component Rule Checke 检验步骤如下。

(1)使用这些报表之前,先保存库文件。

(2)执行"Reports"→"Component Rule Check"命令,打开"Component Rule Check"对话框,如图 2-76所示。

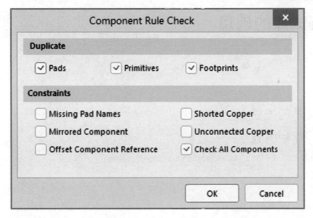

图 2-76　在封装应用于设计之前对封装进行查错

（3）检查所有项是否可用，单击"OK"按钮生成"PCB FootPrints. err"文件并自动在"Text Editor 打开"，系统会自动标识出所有错误项。

（4）关闭报表文件返回"PCB Library Editor"。

学习反思

以小组为单位展开学习反思，回顾整个任务的学习和操作过程，是否已经掌握重难点？

任务作业

1. 在集成库文件包下新建一个 PCB 图库文件。

2. 在库文件内，使用 PCB Component Wizard 功能创建一个元器件封装 DIP32（两排焊盘间距 300mil）。

3. 在库文件内，使用 IPC Compliant Footprint Wizard 功能创建一个元器件封装 SOJ-28。

4. 在库文件内，创建元器件封装 SIP4，DIP-14、DIP-8。

5. 检查所有元器件封装。

任务2.4 元器件集成库的创建

学习目标

▶知识目标

(1)熟练掌握创建集成库的方法。

(2)熟练掌握集成库的维护方法。

▶能力目标

(1)能够创建集成库。

(2)能够维护集成库。

▶素质目标

(1)培养科技兴国的远大理想。

(2)增强安全意识,提升自我保护意识。

学习重点

创建集成库。

学习难点

(1)创建集成库。

(2)集成库的维护。

任务导学

(1)课前,将之前创建好的原理图库和封装库准备好。

(2)课中,通过教师演示学习集成库的创建和维护。

(3)课后,完成相关练习。

任务实施与训练

▷问题驱动

(1)什么是集成库?

(2)如何创建集成库?

(3)对于集成库,如何做好维护?

2.4.1 创建集成库

前面我们学习了原理图库和PCB封装库的创建,如何将它们集合在一起使设计者使用起来更方便? 这就需要我们学习集成库的创建和维护。

为前面新建的电路图库文件内的元器件"串/并行 USB 控制器 FT8U232 的封装 DIP32、MAX231CA 的封装 SOJ-28、与非门 74LS08 的封装 DIP-14、四口连接器 CON4 的封装 SIP4、串行微线总线 EEPROM 的 M93C76RBN1 的封装 DIP-8"五个元器件重新指定设计者在新建的封装库 PCB FootPrints. PcbLib 内的封装。

创建集成库的步骤如下。

1.建立集成库文件包

集成库文件包是集成库的原始项目文件,在前面的任务中已经完成建立。

2. 新建原理图库

为库文件包添加原理图库并在原理图库中建立原理图元器件。

3. 新建封装库

为库文件包添加封装库并在封装库中建立元器件封装。

4. 为原理图元器件更新封装

为串/并行 USB 控制器 FT8U232 更新封装的步骤如下。

在"SCH Library"面板的"Components"列表中选择 FT8U232 元器件,单击"Edit"按钮或双击元器件名,打开"Properties"对话框,如图 2-77 所示。

单击"Parameters"区域的"Add"按钮,弹出对话框,选择"Footprint"选项,弹出 "PCB Model"对话框,单击 "Browse" 按钮,弹出 "Browse Libraries" 对话框,查找新建的 PCB 库文件(PCB FootPrints. PcbLib),选择 DIP32 封装,单击"OK"按钮即可。

用同样的方法为与非门 74LS08 添加新建的封装 DIP-14。

用同样的方法为 MAX231CA 添加新建的封装 SOJ-28。

用同样的方法为四口连接器 CON4 添加新建的封装 SIP4。

用同样的方法为串行微线总线 EEPROM 的 M93C76RBN1 添加新建的封装 DIP-8。

检查库文件包"USB 鼠标元器件库. LibPkg"是否包含原理图库文件和 PCB 图库文件,如图 2-78 所示。

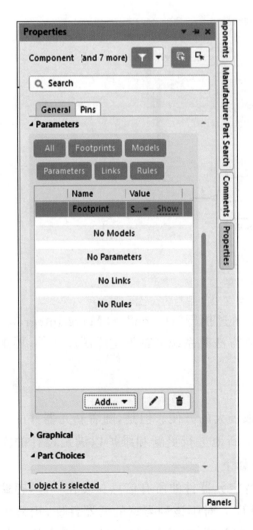

图 2-77　"Properties"对话框

图 2-78　库文件包包含的文件

5.编译库文件包

为了对元器件和跟元器件有关的各类模型进行全面的检查,最后需要编译整个库文件包以建立一个集成库,该集成库是一个包含了前面建立的原理图库(USB 鼠标原理图库.SchLib)及 PCB 封装库(USB 鼠标封装库.PcbLib)的文件。

编译库文件包步骤如下。

(1)执行"Project"→"Compile Integrated Library"命令,将库文件包中的源库文件和模型文件编译成一个集成库文件。系统将在"Messages"面板显示编译过程中的所有错误信息(执行"View"→"Panels"→"Messages"命令),在"Messages"面板双击错误信息可以查看更详细的描述,并直接跳转到对应的元器件,设计者可在修正错误后进行重新编译。

(2)系统会生成名为"USB 鼠标元器件库.IntLib"的集成库文件(该文件名"USB 鼠标元器件库"是在任务 2.1 中创建新的库文件包时建立),并将其保存于"Project Outputs for USB 鼠标元器件库"文件夹下,同时新生成的集成库会自动添加到当前安装库列表中,以供使用,如图 2-79 所示。

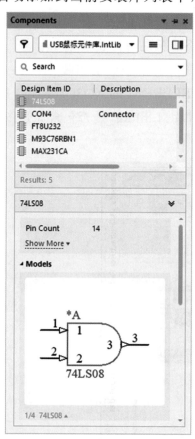

图 2-79 新生成的集成库会自动添加到当前安装库列表中

需要注意的是,设计者也可以在 PCB 项目中通过执行"Design"→"Make Integrated Library"命令从一个已完成的项目中生成集成库文件,使用该方法时系统会首先生成源库文件,再生成集成库。

2.4.2 集成库的维护

用户自己建立集成库后,可以给设计工作带来极大的方便。但是,随着新元器件的不断出现和设计工作范围的不断扩大,用户的元器件库也需要不断地进行更新和维护以满足设计的需要。对集成库进行维护时,需要将集成零件库文件拆包,方法如下。

系统通过编译打包处理,将所有的关于某个特定元器件的所有信息封装在一起,存储在一个文件扩展名为".IntLib"的独立文件中构成集成元器件库。对于该种类型的元器件库,用户无法直接对库中内容进行编辑修改。对于用户自己建立的集成库文件,如果在创建时保留了完整的集成库库文件包,就可以通过再次打开库文件包的方式,对库中的内容进行编辑修改。修改完成后只要重新编译库文件包,就可以生成新的集成库文件。

如果用户只有集成库文件,这时,如果要对集成库中的内容进行修改,则需要先将集成库文件拆包,方法为打开一个集成库文件,弹出"Extract Sources or Install"对话框,单击"Extract Sources"按钮,从集成库中提取出库的源文件,在库的源文件中可以对元器件进行编辑、修改、编译,才能最终生成新的集成库文件。

2.4.3 集成库维护的注意事项

集成库的维护是一项长期的工作。用户使用 Altium Designer 进行自己的设计时,就应该随时注意收集整理,形成自己的集成元器件库。在建立并维护自己的集成库的过程中,用户应注意以下问题。

1.对集成库中的元器件进行验证

为保证元器件在印制电路板上的正确安装,用户应随时对集成零件库中的元器件封装模型进行验证。验证时,应注意以下几个方面的问题。

(1)元器件的外形尺寸、元器件焊盘的具体位置、每个焊盘的尺寸(包括焊盘的内径与外径)。

①穿孔式焊盘尤其需要注意内径,太大有可能导致焊接问题,太小则可能导致元器件根本无法插入进行安装。在决定具体选用焊盘的内径尺寸时,还应考虑尽量减少孔径尺寸的种类。因为在印制电路板的加工制作时,对于每一种尺寸的钻孔,都需要选用不同尺寸的钻头,减少孔径种类,也就减少了更换钻头的次数,相应的也就减少了加工的复杂程度。

②贴片式焊盘则应注意为元器件的焊接留有足够的余量,以免造成虚焊盘或焊接不牢。

(2)应仔细检查封装模型中焊盘的序号与原理图元器件符号中管脚的对应关系。无论是对原理图进行编译检查,还是对印制电路板文件进行设计规则检查,都不可能发现此类错误,只能是在制作成型后的硬件调试时才有可能发现,这时想要修改错误,通常只能重新另做板,给产品的生产带来浪费。

2.不要轻易对系统安装的元器件库进行改动

Altium Designer 软件在安装时,会将自身提供的一系列集成库安装到软件的 Library 文件夹下。对于这个文件夹中的库文件,建议用户轻易不要对其进行改动,以免破坏软件的完整性。另外,为方便用户的使用,Altium Designer 的开发商会不定时地对软件发布更新包服务。当这些更新包被安装到软件中时,有可能会用新的库文件将软件中原有的库文件覆盖。如果用户修改了原有的库文件,则软件更新时会将用户的修改结果覆盖,如果软件更新时不覆盖用户的修改结果,则无法反映软件对库其他部分的更新。因此,正确的做法是将需要改动的部分复制到用户自己的集成库中,再进行修改,以后使用时从用户自己的集成库中调用。

熟悉并掌握 Altium Designer 的集成库,不仅可以大量减少设计时的重复操作,而且减少了出错的概率。对一个专业电子设计人员而言,对软件提供的集成库进行有效的维护和管理,以及具有一套属于自己的经过验证的集成库,将会极大地提高设计效率。

【学习反思】

以小组为单位展开学习反思,回顾整个任务的学习和操作过程,是否已经掌握重难点?

【任务作业】

将之前绘制完成的原理图库和封装库编译生成集成库备用。

原理图绘制的环境参数及设置方法

学习目标

▶**知识目标**

(1)熟练掌握原理图编辑的操作界面设置。

(2)熟练掌握原理图图纸设置。

(3)熟练掌握栅格(Grid)设置。

▶**能力目标**

(1)能够设置原理图编辑的操作界面。

(2)熟练设置原理图图纸。

(3)熟练设置栅格。

▶**素质目标**

(1)培养规范意识。

(2)培养主体意识。

学习重点

原理图图纸设置。

学习难点

栅格设置。

任务导学

在掌握了前面的内容后,要绘制一个简单的原理图和设计印制电路板应该没有问题,但为了设计复杂的电路图,提高设计者的工作效率,把该软件的功能充分发掘出来,需要进行更深层次的学习。本任务主要介绍原理图编辑环境下的相关参数设置。

(1)复习之前讲过的原理图元器件和PCB元器件的创建方法。

(2)课中,通过教师演示学习原理图编辑的操作界面设置。

(3)课中,学习原理图图纸设置的方法。

(4)课后,完成布置的相关练习。

任务实施与训练

▶问题驱动

(1)Altium Designer 原理图编辑器中的常用工具栏有哪些?各种工具栏的主要用途是什么?

(2)在 Altium Designer 中提供了哪几种类型的标准图纸?能否根据用户需要定义图纸?

(3)在原理图中如何设置撤销或重复操作的次数?

2.5.1 原理图编辑的操作界面设置

原理图编辑的操作界面如图 2-80 所示,包括主菜单、主工具栏、工作区面板、工作区面板切换按钮等。

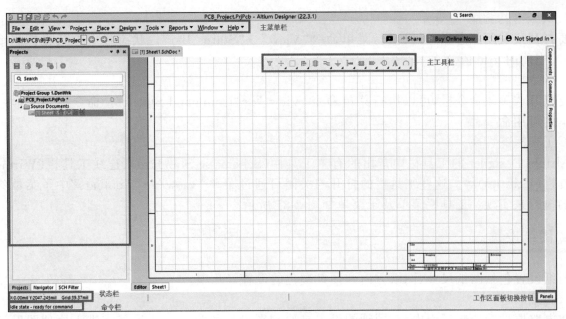

图 2-80 原理图编辑的操作界面

Altium Designer 的原理图编辑的操作界面中,多项环境组件的切换可通过选择主菜单"View"中的相应项目实现,如图 2-81 所示。

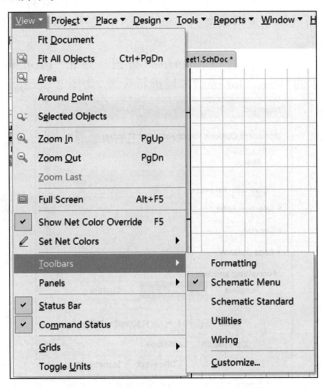

图 2-81 主菜单"View"中的相应项目

其中:

"Toolbars"为常用工具栏切换命令;

"Panels"为工作区面板切换命令;

"Status Bar"为状态栏切换命令;

"Command Status"为命令栏切换命令。

菜单上的环境组件切换具有开关特性。例如,如果屏幕上有状态栏,当单击一次"Status Bar"时,状态栏从屏幕上消失,当再单击一次"Status Bar"时,状态栏又会显示在屏幕上。

1.状态栏的切换

要打开或关闭状态栏,可以执行菜单命令"View"→"Status Bar"。状态栏中包括光标当前的坐标位置、当前的 grid 值。

2.命令栏的切换

要打开或关闭命令栏,可以执行菜单命令"View"→"Command Status"。命令栏用来显示当前操作下的可用命令。

3.工具栏的切换

Altium Designer 的工具栏中常用的有主工具栏(Schematic Standard)、连线工具栏(Wiring)、实用工具栏(Utilities)等。这些工具栏的打开与关闭可通过菜单"View"→"Toolbars"中子菜单的相关命令的执行来实现。工具栏菜单及子菜单如图 2-81 所示。

2.5.2 图纸设置

图纸设置包括图纸尺寸、图纸方向和图纸颜色的设置等几项。

1.图纸尺寸

在电路原理图绘制过程中,对图纸的设置是原理图设计的第一步。虽然在进入原理图设计环境时,Altium Designer 软件会自动给出默认的图纸相关参数。但是对于大多数电路图的设计,这些默认的参数不一定适合设计者的要求。

尤其是图纸尺寸,一般都要根据设计对象的复杂程度和设计需要对图纸的尺寸重新定义。在图纸设置的参数中除了要对图纸尺寸进行设置外,还包括图纸选项、图纸格式以及栅格的设置等。

图纸尺寸设置方法如下。

(1)设置图纸尺寸时可单击右侧的"Properties"按钮。点击"Properties"按钮后,系统将弹出"Properties"面板,选择其中的"Page Options"区域进行设置,如图 2-82 所示。

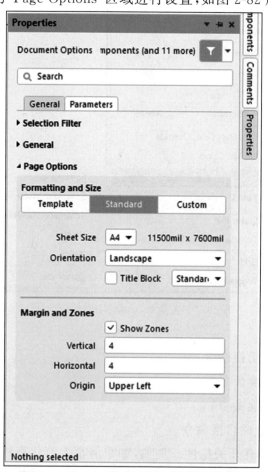

图 2-82　用"Page Options"选项卡进行原理图图纸尺寸的设置

（2）在"Standard"标签的"Sheet Size"处，单击右边的▼按钮，可选择各种规格的图纸。Altium Designer 提供了 18 种规格的标准图纸，各种规格的图纸尺寸如表 2-1 所示。

表 2-1　各种规格的图纸尺寸

代号	尺寸(英寸)	代号	尺寸(英寸)
A4	11.5×7.6	E	42×32
A3	15.5×11.1	Letter	11×8.5
A2	22.3×15.7	Legal	14×8.5
A1	31.5×22.3	Tabloid	17×11
A0	44.6×31.5	OrCADA	9.9×7.9
A	9.5×7.5	OrCADB	15.4×9.9
B	15×9.5	OrCADC	20.6×15.6
C	20×15	OrCADD	32.6×20.6
D	32×20	OrCADE	42.8×32.8

在 Altium Designer 给出的标准图纸格式中主要有公制图纸格式（A4～A0）、英制图纸格式（A～E）、OrCAD 格式（OrCADA～ OrCADE），以及其他格式（Letter、Legal）等。选择合适的尺寸后，通过单击如图 2-82 所示的对话框中的按钮就可以更新当前图纸的尺寸。

如果需要自定义图纸尺寸，必须设置如图 2-82 所示"Custom"标签中的各个选项，如图 2-83 所示。

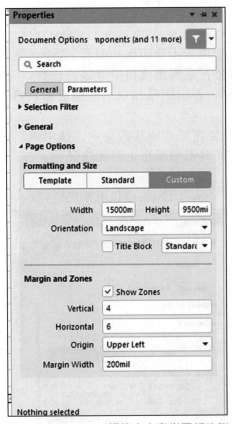

图 2-83　"Custom"标签中自定义图纸功能

（3）"Custom"标签中其他各项设置的含义如下：

①"Width"：设置图纸的宽度；

②"Height"：设置图纸的高度；

③"Horizontal"：设置 X 轴框参考坐标的刻度数。如图 2-83 中设置为"6"，就是将 X 轴 6 等分；

④"Vertical":设置 Y 轴框参考坐标的刻度数。如图 2-83 中设置为"4",就是将 Y 轴 4 等分。

⑤ "Margin Width":设置图纸边框宽度。如图 2-83 所示,将"Margin Width"设置为"200mil",就是将图纸的边框宽度设置为 200mil。

2.图纸方向

在图 2-83 中,使用"Orientation"(方位)下拉列表框可以选择图纸的布置方向。按右边的 ▼ 符号可以选择为横向(Landscape)格式或纵向(Portrait)格式。

3.图纸标题栏

图纸标题栏'Title Block'是对图纸的附加说明。在 Altium Designer 提供了两种预先定义好的标题栏,分别是标准格式(Standard)和美国国家标准协会支持的格式(ANSI),如图 2-84 和 2-85 所示。设置应首先选中"Title Block"(标题栏)左边的复选框,然后按右边的 ▼ 符号即可以选择。若未选中该复选框,则不显示标题栏。

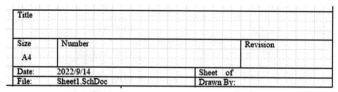

图 2-84　标准格式(Standard)标题栏

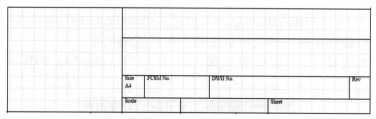

图 2-85　美国国家标准格式(ANSI)标题栏

"Show Zones"复选框用来设置图纸上索引区的显示,选中该复选框后,图纸上将显示索引区。所谓索引区是指为方便描述一个对象在原理图文档中所处的位置,在图纸的四个边上分配索引栅格,用不同的字母或数字来表示这些栅格,并用字母和数字的组合来代表对应的垂直和水平栅格所确定的图纸中的区域。

"Show Border"复选框用来设置图纸边框线的显示。选中该复选框后,图纸中将显示边框线。若未选中该项,将不会显示边框线,同时索引栅格也将无法显示。

4.图纸颜色设置

图纸颜色设置,包括图纸边框(Sheet Border)和图纸底色(Sheet Color)的设置,如图 2-86 所示。

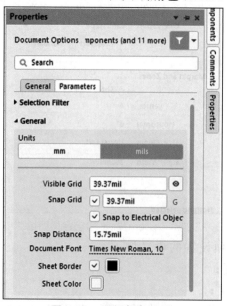

图 2-86　图纸颜色设置

如图 2-86 所示的"Sheet Border"选项用来设置边框的颜色,默认值为黑色。单击右边的颜色框,系统将弹出颜色选择对话框,如图 2-87 所示,我们可通过它来选取新的边框颜色。

"Sheet Color"栏负责设置图纸的底色,默认的设置为浅黄色。要改变图纸底色时,单击右边的颜色框,同样可以打开颜色选择对话框,我们可以通过它选取出新的图纸底色。

颜色选择对话框中列出了当前可用的多种颜色。如果用户希望改变当前使用的颜色,可直接用鼠标单击选取。

如果设计者希望自己定义颜色,单击下部的"Define Custom Colors"标签,如图 2-88 所示,选择好颜色后单击"Apply"按钮,即可使用该颜色。

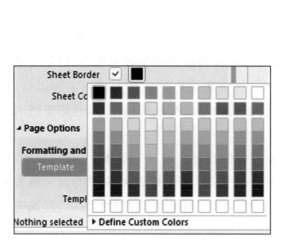

图 2-87　颜色选择对话框

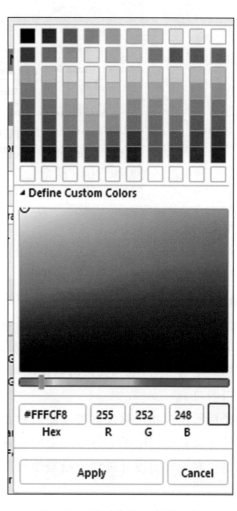

图 2-88　设计者自己定义颜色

2.5.3 栅格设置

在设计原理图时,图纸上的栅格为放置元器件、连接线路等设计工作带来了极大的方便。在进行图纸的显示操作时,可以设置栅格的种类以及是否显示栅格。在如图 2-89 所示的"Properties"对话框中,栅格设置条目可以对电路原理图的图纸栅格和电气栅格进行设置。

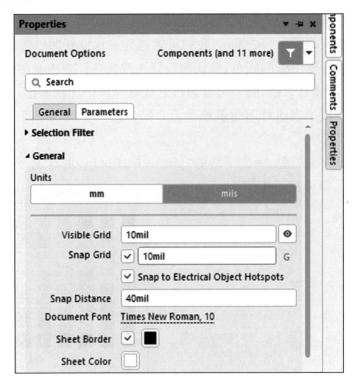

图 2-89　栅格设置对话框

具体设置内容介绍如下。

（1）捕获栅格（Snap Grid）：表示设计者在放置或者移动"对象"时，光标移动的距离。

（2）可视栅格（Visible Grid）：表示图纸上可视的栅格。

（3）捕捉距离（Snap Distance）：电气栅格的捕捉距离用来设置在绘制图纸上的连线时捕获电气节点的半径。该选项的设置值决定系统在绘制导线时，以鼠标当前坐标位置为中心，以设定值为半径向周围搜索电气节点，如果光标自动移动到搜索到的节点，则表示电气连接有效。实际设计时，为能准确快速地捕获电气节点，电气栅格的捕捉距离应该设置得比当前捕获栅格稍小，否则电气对象的定位会变得相当困难。

捕获栅格的使用和正确设置可以使设计者在原理图的设计中准确地捕捉元器件；使用可视栅格，可以使设计者大致把握图纸上各个元素的放置位置和几何尺寸；捕捉距离的使用大大地方便了电气连线的操作。在原理图设计过程中恰当地使用栅格设置，可方便电路原理图的设计，提高电路原理图绘制的速度和准确性。

2.5.4 其他设置

1.字体设置

在如图 2-89 所示的"Properties"对话框中，单击"Document Font"（更改系统字体）按钮，屏幕上会出现系统字体对话框，可以对字体、大小等进行设置，如图 2-90 所示。选择好字体后，单击"确定"按钮即可完成字体的重新设置。

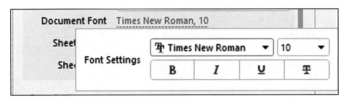

图 2-90　更改系统字体

2.图纸设计信息

图纸的设计信息记录了电路原理图的设计信息和更新记录。Altium Designer 的这项功能使原理图的设计者可以更方便、有效地对图纸的设计进行管理。若要打开图纸设计信息设置对话框,可以在如图 2-89 所示的"Properties"对话框中单击"Parameters"标签,如图 2-91 所示。

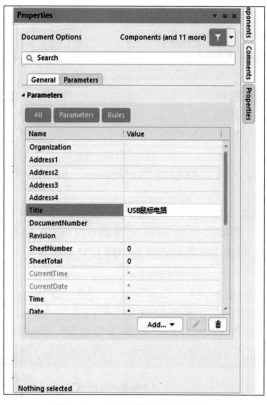

图 2-91　图纸设计信息对话框

"Parameters"标签为原理图文档提供 20 多个文档参数,供用户在图纸模板和图纸中放置。当用户为参数赋了值,并选中转换特殊字符串选项后(方法:执行"Tools"→"Preferences"命令,弹出"Preferences"对话框,单击"Schematic"→"Graphical Editing"按钮,在该选项卡内选择复选框"Display Name of Special String",如图 2-92 所示),图纸上显示所赋参数值。

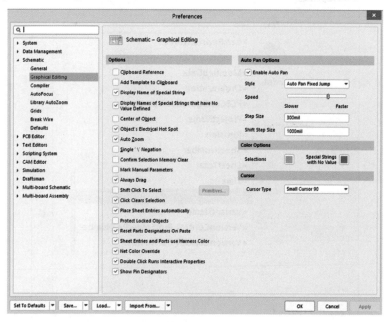

图 2-92　转换特殊字符串选项

在如图 2-91 所示对话框中可以设置的选项很多,其中常用的有以下几个(部分未在图中显示,需要移动右侧下拉条)。

"Address":设计者所在的公司以及个人的地址信息。

"Approved By":原理图审核者的名字。

"Author":原理图设计者的名字。

"CheckedBy":原理图校对者的名字。

"CompanyName":原理图设计公司的名字。

"CurrentDate":系统日期。

"CurrentTime":系统时间。

"DocumentName":该文件的名称。

"SheetNumber":原理图页面数。

"SheetTotal":整个设计项目拥有的图纸数目。

"Title":原理图的名称。

在上述选项中的填写信息包括设置参数的值(Value)。设计者可以根据需要添加新的参数值。填写的方法有以下几种。

(1)单击欲填写参数名称的文本框,把"＊"去掉,可以直接在文本框中输入参数。

(2)如果是系统提供的参数,其参数名是不可更改的(灰色)。如果完成了参数赋值后,标题栏内没有显示任何信息,在如图 2-91 所示的"Title"栏处,赋了"USB 鼠标电路"的值,而标题栏无显示,则需要作如下操作。

单击工具栏中的放置文本按钮[A],按"Tab"键,打开"Annotation"对话框如图 2-93 所示,可在"Properties"选项区域中的"Text"下拉列表框中选择"＝Title",在"Font"处,设置字体颜色、大小等属性,然后再按"Enter"键,鼠标在标题栏中"Title"处的适当位置,单击鼠标左键即可完成放置。

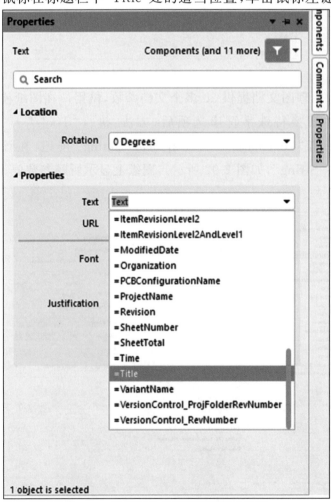

图 2-93　让设置的参数在标题栏内可见

《学习反思》

以小组为单位展开学习反思,回顾整个任务的学习和操作过程,是否已经掌握重难点? 并完成以下练习。

任务作业

1. 新建一个原理图图纸,图纸大小为"Letter",标题栏为"ANSI",图纸底色为"浅黄色 214"。

2. 在 Altium Designer 中提供了哪几种类型的标准图纸? 能否根据用户需要定义图纸?

3. 窗口设置。反复尝试各项窗口设置命令及操作,如"View"菜单中的环境组件切换命令、工作区面板的切换、状态栏的切换、命令栏的切换、工具栏的切换等。

4. 如何将原理图可视栅格设置为"Dot Grid"或"Line Grid"?

5. 如何设置光标形状为"Larger Cursor 90"或"Small Cursor45"?

6. 在原理图中如何设置撤销或重复操作的次数。

7. 设置元器件自动切割导线。即当一个元器件放置过程中,若元器件的两个管脚同时落在一根导线上,该导线将被元器件的两个管脚切割成两段,并将切割的两个端点分别与元器件的管脚相连接。

任务 2.6　USB 鼠标电路原理图的绘制

学习目标

知识目标

(1)了解导线放置模式。

(2)掌握原理图图纸的设置。

(3)掌握加载元器件库的方法。

(4)掌握网络标签的作用。

(5)掌握复杂原理图的绘制步骤。

能力目标

(1)能够设置原理图图纸。

(2)能够加载元器件库。

(3)能够添加网络标签。

(4)能够绘制复杂原理图。

素质目标

(1)培养不怕苦、不畏难的意志品质。

(2)具有精益求精的工匠精神。

学习重点

(1)放置网络标记的方法。

(2)绘制复杂电路原理图的步骤。

学习难点

(1)自制元器件的加载方法。

(2)放置网络标记的意义。

任务导学

本次任务完成 USB 鼠标电路原理图的绘制,原理图如图 2-94 所示。

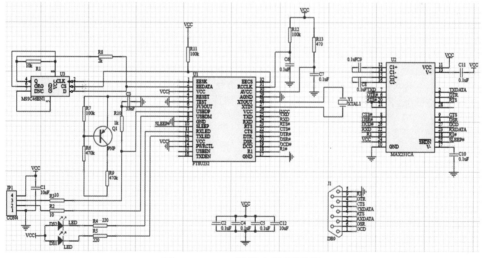

图 2-94　USB 鼠标电路原理图

(1)课前,复习之前讲过的原理图绘制方法。

(2)课中,教师演示原理图的创建和设置等各项操作。

(3)课中,复习并练习元器件、导线和网络标签的放置。

(4)课后,完成布置的相关练习。

任务实施与训练

▷问题驱动

(1)在原理图的绘制过程中,怎样加载和删除库文件?

(2)什么是网络标签? 如何使用网络标签?

2.6.1 绘图准备工作

1.新建项目和原理图文档

首先建立一个"USB鼠标电路.PrjPcb"项目文件,接着新建一个原理图文件命名为"USB鼠标电路原理图.SchDoc",如图2-95所示。

2.自定义原理图的图纸

步骤如下。

(1)单击"Properties"按钮,弹出的对话框如图2-96所示。

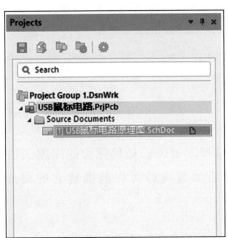

图2-95 新建USB鼠标电路原理图　　　　图2-96 "Properties"对话框

(2)在"General"区域的"Units"中单击"mm"标签选择公制单位,将原理图图纸中使用的长度单位设置为毫米单位。

(3)在"Page Options"区域的"Formatting and Size"中单击"Custom"标签,打开该标签,在"Width"编辑框中输入"267mm",在"Height"编辑框中输入"182mm",在"Margin and Zones"区域的"Horizontal"编辑框中输入"3",在"Vertical"编辑框中输入"4",如图2-97所示。

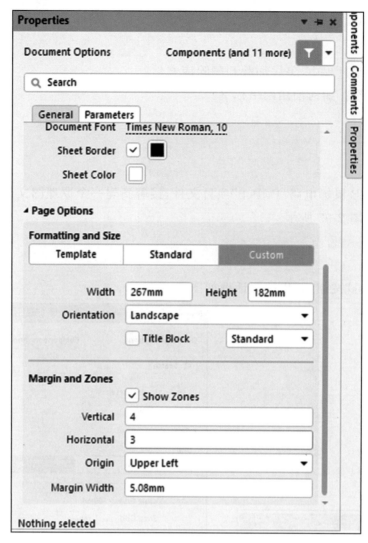

图 2-97　设置图纸尺寸

2.6.2 绘制原理图

1.加载库文件

Altium Designer 为了管理数量巨大的电路标识,电路原理图编辑器提供强大的库搜索功能。

首先在库面板查找元器件,并加载相应的库文件。然后加载设计者在前面建立的集成库文件 "USB 鼠标元器件库.IntLib"。

(1)这里我们以 MAX1487EPA 为例查找元器件。

步骤如下。

①单击"Components"标签,显示"Components"面板。

②在 Components"面板中单击▤按钮,弹出对话框选择"File-based Libraries Search…"选项,如图2-98所示。

弹出"File-based Libraries Search"对话框,如图 2-99 所示。

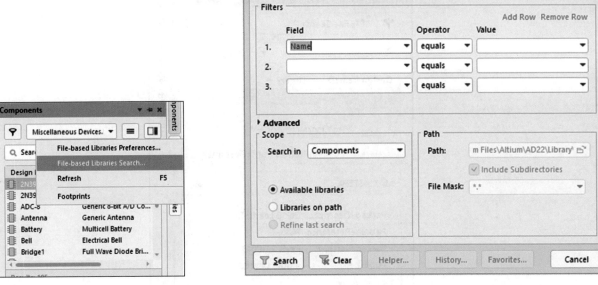

图 2-98 选择"File-based Libraries Search…"选项　　　　图 2-99 "File-based Libraries Search"对话框

③在"Filters"区域的"Field"列的第 1 行选择"Name"，"Operator"列的第 1 行选择"contains"，"Value"列的第 1 行输入元器件名，如图 2-100 所示。

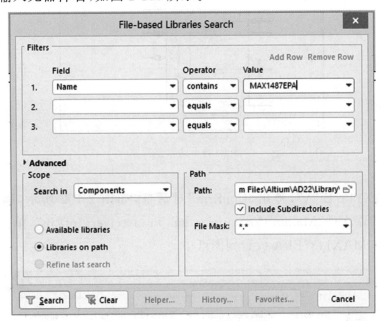

图 2-100 库搜索对话框

④单击"Search"按钮开始查找。搜索启动后，搜索结果如图 2-101 所示。

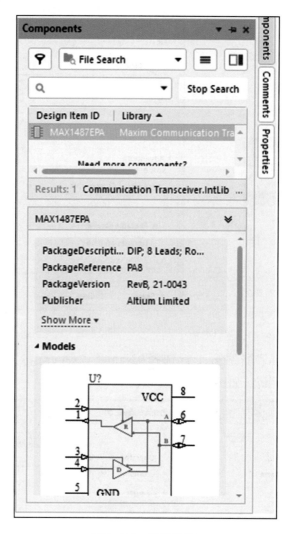

图 2-101　搜索结果

⑤鼠标双击"MAX1487EPA"，弹出"Confirm"对话框，如图 2-102 所示，确认是否安装元器件 MAX1487EPA 所在的库文件"Maxim Communication Transceiver. IntLib"，单击"Yes"按钮，即安装该库文件，同时可以将 MAX1487EPA 放置到图纸中。

图 2-102　确认是否安装库文件

（2）安装任务 2.4 建立的集成库文件"USB 鼠标元器件库. IntLib"。

步骤如下。

①如果用户需要添加新的库文件，在"Components"面板中单击"☰"按钮，弹出对话框选择"File-based Libraries Preferences…"选项，弹出"Available File-based Libraries"对话框，如图2-103所示。

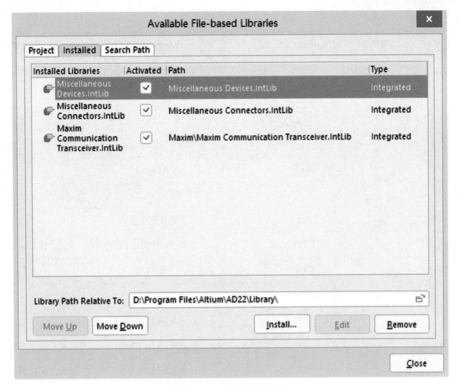

图 2-103　安装库文件

单击"Install"按钮,弹出打开路径的对话框,选择正确的路径,双击需要安装的库名即可,如图 2-104所示。

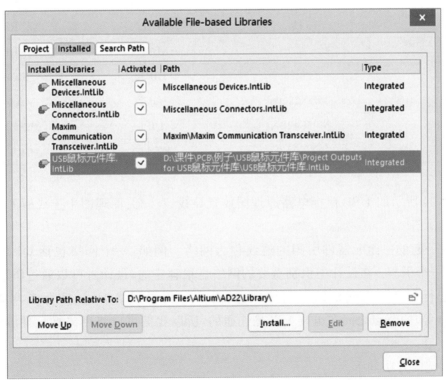

图 2-104　库文件安装完成

2.放置元器件

根据表 2-2 电路元器件数据将剩余元器件按照如图 2-94 所示的元器件相对位置放置元器件,需要注意修改属性、放置角度等。

表 2-2　电路元器件数据

Designator	Comment	Footprint	LibRef
C1	10nF	RAD0.3	CAP
C2，C4，C5，C6，C7，C8，C9，C10，C11	0.1uF	RAD0.3	CAP
C3	33nF	RAD0.3	CAP
C12	10uF	RAD0.3	CAP
DS1，DS2	LED	DIODE0.4	LED
J1	DB9	DSUB1.385-2H9	D Connector 9
JP1	CON4	SIP4	CON4
Q1	PNP	TO-39	PNP
R1	10k	AXIAL0.3	RES2
R2 R3	10	AXIAL0.3	RES2
R4，R5	220	AXIAL0.3	RES2
R6，R9	470k	AXIAL0.3	RES2
R7、R11，R12	100k	AXIAL0.3	RES2
R8	2k	AXIAL0.3	RES2
R10	1k	AXIAL0.3	RES2
R13	470	AXIAL0.3	RES2
U1	FT8U232	DIP32	FT8U232
U2	MAX231CA	SOJ-28	MAX231CA
U3	M93C46BN1	DIP8	M93C76RBN1
Y1	XTAL1	XTAL1	CRYSTAL

3.放置导线

参照如图 2-94 所示的 USB 鼠标电路原理图放置导线。注意:原理图中连线横平竖直。

4.放置网络标签

彼此连接在一起的一组元器件引脚的连线称为网络。例如,一个网络包括 Q1 的基极、R1 的一个引脚和 C1 的一个引脚。在设计中识别重要的网络是很容易的,设计者可以通过添加网络标记的方法对重要网络进行命名。在图纸的任何位置,凡是具有相同网络标记(实际是网络名,包括电源 VCC、地线 GND 等)的节点之间在电气上都是连通的,所以我们可以将网络标记理解成一条"无形的连线"。

放置网络标记的方法如下。

(1)从菜单选择"Place"→"Net Label"(网络标记)。一个带点的"Net Label1"框将悬浮在光标上。

(2)在放置网络标记之前应先编辑,按"Tab"键显示"Properties"面板。

(3)在"Net Name"栏输入"TXD"。

(4)在电路图上,把网络标记放置在连线的上面,当网络标记跟连线接触时,光标会变成红色十字

准线,单击或按"Enter"键即可完成网络标记的放置。(注意:网络标记一定要放在连线上)

(5)放置完第一个网络标记后,设计者仍然处于网络标记放置模式,在放置第二个网络标记之前再按"Tab"键进行编辑。

(6)在"Net Name"栏输入对应的标号名字,单击"OK"关闭对话框并放置网络标记,依次放置完毕后,右击或按"Esc"键退出放置网络标记模式。

(7)执行"File"→"Save"命令保存电路。

提示1:网络标记名称要尽量简单,最好能与管脚功能或名称联系起来,以便阅读图纸。网络标记经常采用以下方式命名。用纯字母,如 ALE、RD 等直接采用管脚名称来命名;用"字母加数字"方式,如 A0、A1 等经常用来表示地址总线来命名;用"字母_数字"和"字母_字母"方式,如 P2_0、P2_1,S_data,S_clk 等代表管脚的功能等来命名。

提示2:网络标记的操作并不难,但不按照规定来操作也会引起错误,这种错误往往比较隐性,在后期比较难发现。

2.6.3 检查原理图

编译项目可以检查设计文件中设计原理图和电气规则出现的错误,并提供给用户一个排除错误的环境。

(1)打开编辑 USB 鼠标电路,执行"Project"→"Compile PCB Project USB 鼠标电路. PrjPCB"命令。

(2)当项目被编辑后,任何错误都将显示在"Messages"面板上。"Messages"面板如图 2-105 所示。如果电路图有严重的错误,"Messages"面板将自动弹出,否则"Messages"面板不出现。如果报告给出错误,则需检查用户的电路并纠正错误。

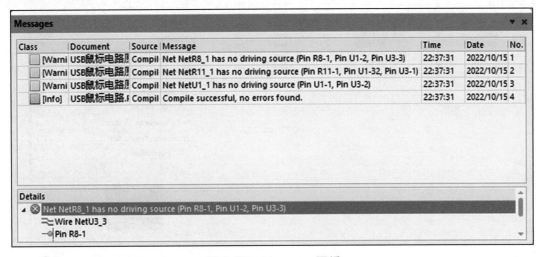

图 2-105 Messages 面板

图 2-105 的三个警告都属同一类错误,"Net ××× has no driving source"表示网络中没有驱动。如果一个芯片的某个管脚的属性定义为输入脚,而另一个芯片的某个管脚的属性没定义,把这两个管脚连接,就会出现这个警告。

修改方法有以下三种。

1.修改规则

在菜单栏中执行"Project"→"Project Options"命令,在第一个栏目"Error Reporting"中选择"Nets with no driving source"选项,将"Warning"改为"No Report",如图 2-106 所示。

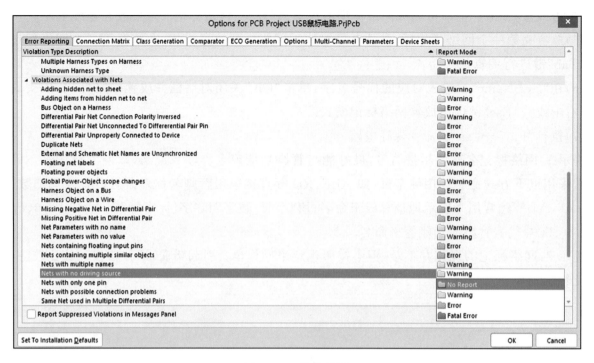

图 2-106　修改规则

2.修改引脚

直接双击对应元器件，在"Properties"面板的"Pins"处右键打开"Component Pin Editor"对话框，在对话框中修改"Type"属性，找到该引脚序号，将"Type"属性改为"Passive"，如图 2-107 所示。

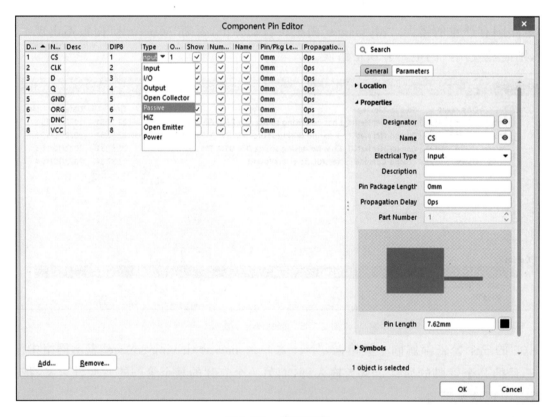

图 2-107　修改引脚

3.放置"NO ERC"

在出现警告的引脚处放置"NO ERC"（不进行电气规则检查），如图 2-108 所示。

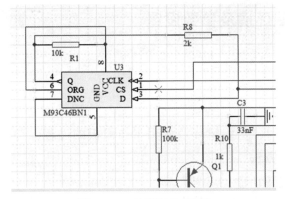

图 2-108 放置"NO ERC"

按照以上三种方法设置好后,重新编译就没有警告的提示出现了。

当然我们也可以忽略这类警告。

学习反思

以小组为单位展开学习反思,回顾整个任务的学习和操作过程,反思是否已经掌握本项目的重难点?

任务作业

1. 绘制完成 USB 鼠标电路原理图。

2. 绘制完成模数转换电路的电路原理图,如图 2-109 所示,电路的元器件具体信息如表 2-3 所示。

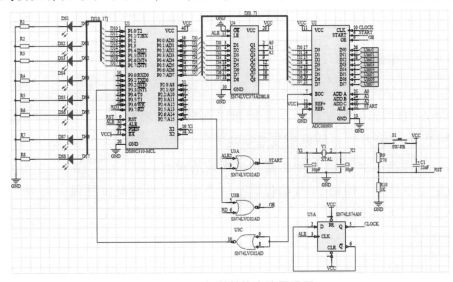

图 2-109 模数转换电路原理图

表 2-3 模数转换电路的元器件具体信息

元器件在图中标号	元器件图形样本名	所在元器件库
DS80C310-MCL	U1	Dallas Microcontroller 8-Bit. IntLib
ADC0809N	U2	TI Converter Analog to Digital. IntLib
SN74LVC373ADBLE	U4	TI Logic Latch. IntLib
SN74LVC02AD	U3	TI Logic Gate2. IntLib
SN74LS74AN	U5	TI Logic Flip-Flop. IntLib
其他元器件	—	Miscellaneous Devices. IntLib
VCC	—	电源工具栏
GND	—	电源工具栏

PCB 的编辑环境及参数设置

▷**知识目标**

(1)熟悉 PCB 编辑器。

(2)熟悉 PCB 编辑器的工具栏、编辑环境调用工作面板的过程。

(3)掌握各项参数的调整方法。

(4)掌握各种板层的类型及功能。

(5)掌握版层设计的方法。

▷**能力目标**

(1)能够调整各项参数。

(2)能够添加板层。

▷**素质目标**

(1)培养一丝不苟的敬业精神。

(2)增强质量意识。

学习重点

熟悉 PCB 工具栏及相关设置。

学习难点

区分各种版层的类型及特点。

任务导学

本任务须熟悉 PCB 编辑器的工具栏及设置 PCB 各种常规参数。

(1)课前了解 PCB 编辑器的各种界面及基本功能。

(2)课中,通过教师演示学习 PCB 编辑器相关参数的设置。

(3)课中,以组为单位学习使用 PCB 编程器及讨论相关参数的设置过程。

(4)课后,完成布置的相关练习。

任务实施与训练

▷**问题驱动**

(1)PCB 有哪些常规参数设置?

(2)PCB 有哪些版层?

2.7.1 PCB 设计环境

在进行 PCB 设计之前,需要首先熟悉 PCB 编辑器的环境,同时还需要对工作层参数、系统参数设置等环境配置方法有一些了解,这些内容对用户熟练使用 AD 的 PCB 编辑器进行 PCB 设计有很多帮助。

本任务中首先将对 PCB 编辑器的构成进行介绍,然后会对在 PCB 设计中需要进行的工作层参数、系统参数等设置方法进行详细的介绍。掌握 PCB 编辑环境的设置是熟练使用 AD 进行 PCB 设计的基础,希望读者能够仔细地学习本任务。

1. PCB 菜单

PCB 编辑器的菜单栏设置与原理图编辑器中的菜单栏设置类似,但各有特点,如图 2-110 所示,与原理图编辑器相比,PCB 编辑器多了一个"Route"菜单项。

File   Edit   View   Project   Place   Design   Tools   Route   Reports   Window   Help

图 2-110 PCB 编辑器的菜单栏

(1)"File"菜单,如图 2-111 所示。

(2)"Edit"菜单,如图 2-112 所示。

(3)"View"菜单,如图 2-113 所示。

图 2-111 "File"菜单

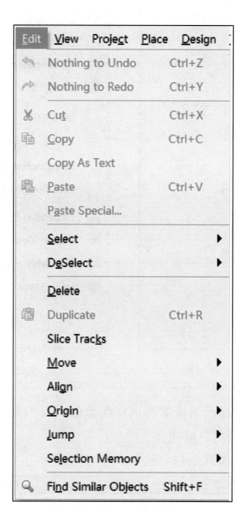

图 2-112 "Edit"菜单

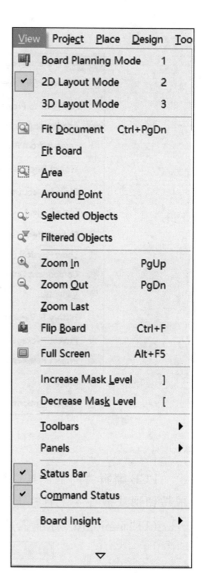

图 2-113 "View"菜单

（4）"Project"菜单，如图 2-114 所示。

（5）"Place"菜单，如图 2-115 所示。

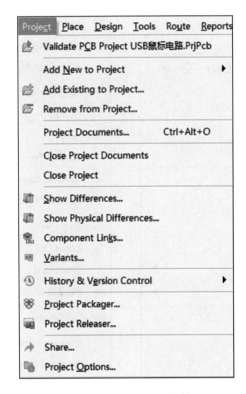

图 2-114 "Project"菜单 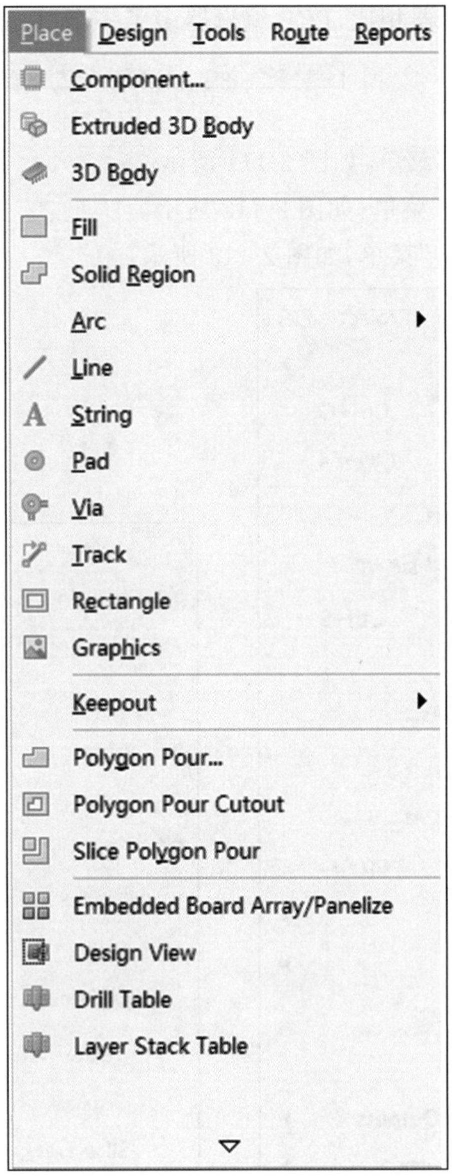   图 2-115 "Place"菜单

2. PCB 工具栏

PCB 编辑器的主工具栏与原理图编辑器的也有些类似，一些 PCB 设计中常用的命令也都被制作成按钮形式放在主工具栏上，方便用户使用。

（1）"Standard"标准工具栏，如图 2-116 所示。

图 2-116 "Standard"标准工具栏

（2）"Wiring"布线工具栏，如图 2-117 所示。

图 2-117 "Wiring"布线工具栏

（3）"Utilities"实用工具栏，如图 2-118 所示。

图 2-118 "Utilities"实用工具栏

2.7.2 PCB 编辑环境设置

通过执行"Tools"→"Preferences"菜单命令,如图 2-119 所示,可以打开系统参数设置对话框,分别对"General"(常规)、"Display"(显示)、"Interactive Routing"(交互式布线)、"Defaults"(默认参数设置)等选项进行设置。

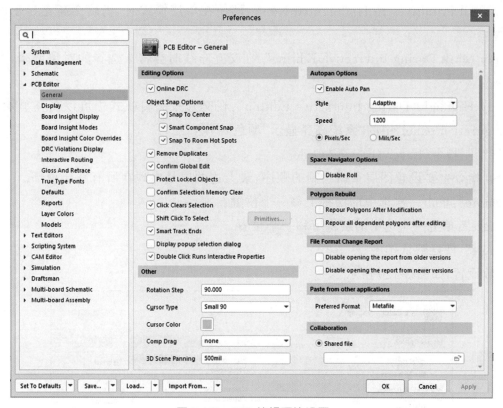

图 2-119 PCB 编辑环境设置

1. 常规参数设置

(1) 编辑选项(Editing Options)。

① "Online DRC":在线检查。

② "Snap To Center":捕获到中心。

③ "Click Clears Selection":单击清除选择。

④ "Remove Duplicates":删除标号重复的图件。

⑤ "Confirm Global Edit":修改提示信息。

⑥ "Double Click Runs Interactive Properties":双击放置的对象时将打开属性面板。

(2) 自动位移功能选项(Autopan Options)。

① "Style":移动方式。

② "Speed":移动步长。

(3) 其他选项(Other)。

① "Cursor Type":光标形状。

② "Comp Drag":元器件移动模式。

2. 显示参数设置

(1) 显示选项(Display Options)。

① "Antialiasing":能 3D 抗锯齿。

②"Use Animation"：在缩放、翻转 PCB 或开关层的时候启用动画效果。

（2）高亮选项（Highlighting Options）。

①"Highlight In Full"：选中的对象以当前选择颜色高亮显示轮廓，否则所选对象仅以当前所选颜色显示轮廓。

②"Use Transparent Mode When Masking"：当对象被屏蔽时启用透明显示。

③"Show All Primitives In Highlighted Nets"：即使在单层模式时，仍然会高亮显示网络上的所有对象。

④"Apply Mask During Interactive Editing"：在交互布线时会将未选择的对象调暗，方便对选中的网络布线。

⑤"Apply Highlight During Interactive Editing"：在交互式编辑模式仍可以高亮显示对象（使用"View Configuration panel"中的"系统高亮显示"颜色）。

（3）图层绘制指令（Layer Drawing Order）。

图层绘制指令主要设置图层重新绘制的顺序，最上边的层是出现在所有图层顶部。

①"Promote"：单击一次选中的层将上移一个位置。

②"Demote"：单击一次选中的层将下移一个位置。

③"Default"：恢复默认排序。

显示参数设置，如图 2-120 所示。

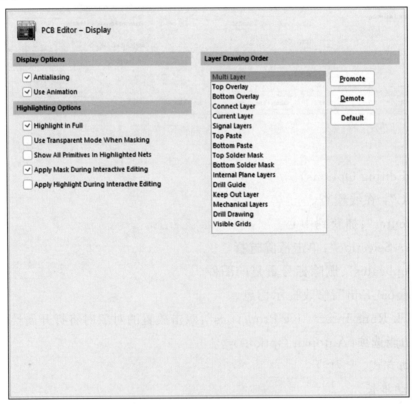

图 2-120　显示参数设置

3. 交互式布线参数设置

（1）布线避障设置（Routing Conflict Resolution）。

布线过程中使用"Shift＋R"组合键可以轮流切换壁障模式。

①"Ignore Obstacles"：允许布线直接通过障碍，忽略障碍的存在。

②"Push Obstacles"：布线时可以推挤障碍，如果无法推挤，将显示布线路径受阻。

③"Walkaround Obstacles":布线时将绕过路径上的障碍。

④"Stop At First Obstacle":布线将在第一个障碍处停止。

⑤"Hug And Push Obstacles":布线时优先绕行障碍,无法绕过则推挤障碍走线,如果无法推挤则显示布线路径受阻。

⑥"AutoRoute On Current Layer":允许在当前层进行自动布线。

⑦"AutoRoute On Multiple Layers":允许在所有线路层上进行自动布线。

⑧"Current Mode":显示当前选择的避障模式。

(2)交互式布线选项(Interactive Routing Options)。

①"Automatically Terminate Routing":完成一个路径的连接将自动退出布线模式,否则继续保持。

②"Automatically Remove Loops":对一个路径进行重新布线或优化布线时,会自动删除冗余的布线。

③"Remove Loops with Vias":删除冗余路径时,路径上的过孔也会删除。

④"Remove Net Antennas":删除未形成完整路径(即只有一端连接有焊盘)的线或圆弧,防止形成天线。

⑤"Allow Via Pushing":允许布线壁障模式设置为"Push Obstacles"和"Hug And Push Obstacles"时推挤过孔。

⑥"Display Clearance Boundaries":进行布线时将会显示设置间距边界,这样可以很清楚地看到允许走线的空间,布线过程中可通过"Ctrl+W"开启或关闭该功能。

⑦"Reduce Clearance Display Area":缩小间距界限显示范围,实际效果是淡化间距边界的清晰度。

(3)常规设置(General)。

平滑走线,减少走线产生的小圆点,小线段等等。

(4)拖拽(Dragging)。

①"Preserve Angle When Dragging":拖拽过程中保持角度。

②"Ignore Obstacles":忽略障碍。

③"Avoid Obstacles (Snap Grid)":基于格点避开障碍。

④"Avoid Obstacles":避开障碍。

⑤"Vertex Actions":拐点动作配置,使用空格键切换模式。

⑥"Unselected via/track":设置未选择的过孔或线的默认动作(移动、拖拽)。

⑦"Selected via/track":设置选中的线或过孔的默认动作(移动、拖拽)。

⑧"Component pushing":设置元器件避障动作,按"R"键切换模式。

⑨"Component re-route":移动元器件后将自动重新连接元器件网络,按"Shift+R"关闭该功能。

⑩"Move component with relevant routing":移动元器件时相应的走线将同步移动("Components+Via Fanouts+Escapes+Interconnects")。使用"Shift+Tab"选择设置,禁用后"Shift+Tab"无效。

⑪"up to":指定管脚数,如果元器件管脚数大于该设置数值,则上述操作无效。

(5)交互式布线线宽源(Interactive Routing Width Sources)。

①"Pickup Track Width From Existing Routes":将从现有的布线选择线宽。

②"Track Width Mode":布线线宽模式。

③"Via Size Mode":过孔尺寸模式。

交互式布线参数设置,如图 2-121 所示。

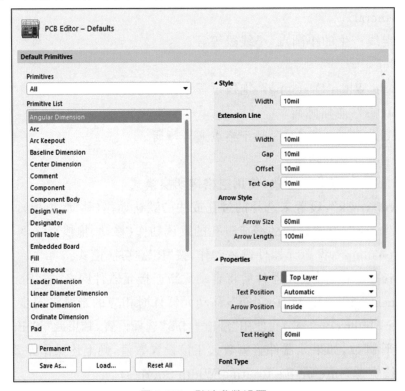

图 2-121　交互式布线参数设置

4.默认参数设置

设置 PCB 工作区内各种组件的默认参数,如图 2-122 所示

图 2-122　默认参数设置

2.7.3 PCB 设置

1.PCB 板层介绍

（1）信号层（Signal layers）。

信号层主要用来放置元器件（顶层和底层）和导线。PCB 编辑器提供了 32 个信号层，如图 2-123 所示。

（2）内电层（Internal planes）。

内电层多层 PCB 放置电源和接地专用布线层。PCB 编辑器提供了 16 个内电层，如图 2-124 所示。

Top Layer	Mid-Layer 16		Internal Plane 1
Mid-Layer 1	Mid-Layer 17		Internal Plane 2
Mid-Layer 2	Mid-Layer 18		Internal Plane 3
Mid-Layer 3	Mid-Layer 19		Internal Plane 4
Mid-Layer 4	Mid-Layer 20		Internal Plane 5
Mid-Layer 5	Mid-Layer 21		Internal Plane 6
Mid-Layer 6	Mid-Layer 22		Internal Plane 7
Mid-Layer 7	Mid-Layer 23		Internal Plane 8
Mid-Layer 8	Mid-Layer 24		Internal Plane 9
Mid-Layer 9	Mid-Layer 25		Internal Plane 10
Mid-Layer 10	Mid-Layer 26		Internal Plane 11
Mid-Layer 11	Mid-Layer 27		Internal Plane 12
Mid-Layer 12	Mid-Layer 28		Internal Plane 13
Mid-Layer 13	Mid-Layer 29		Internal Plane 14
Mid-Layer 14	Mid-Layer 30		Internal Plane 15
Mid-Layer 15	Bottom Layer		Internal Plane 16

图 2-123　信号层　　　　图 2-124　内电层

（3）机械层（Mechanical layers）。

机械层一般用于放置有关制板和装配方法的信息。PCB 编辑器提供了 32 个机械层，如图 2-125 所示。

Mechanical 1	Mechanical 12	Mechanical 23
Mechanical 2	Mechanical 13	Mechanical 24
Mechanical 3	Mechanical 14	Mechanical 25
Mechanical 4	Mechanical 15	Mechanical 26
Mechanical 5	Mechanical 16	Mechanical 27
Mechanical 6	Mechanical 17	Mechanical 28
Mechanical 7	Mechanical 18	Mechanical 29
Mechanical 8	Mechanical 19	Mechanical 30
Mechanical 9	Mechanical 20	Mechanical 31
Mechanical 10	Mechanical 21	Mechanical 32
Mechanical 11	Mechanical 22	

图 2-125　机械层

（4）丝印层（Silkscreen layers）。

丝印层主要用于绘制元器件的轮廓、放置元器件的编号或其他文本信息。PCB 编辑器提供了顶层和底层两个丝印层，如图 2-126 所示。

Top Overlay	顶层丝印层
Bottom Overlay	底层丝印层

图 2-126　丝印层

(5)阻焊层(Solder mask layers)。

阻焊层有 2 个,分别是 Top Solder(顶层阻焊层)和 Bottom Solder(底层阻焊层),阻焊层用于在设计过程中匹配焊盘,并且是自动产生的,如 2-127 所示。

(6)锡膏防护层(Paste mask layers)。

锡膏防护层的作用与阻焊层相似,但在使用"hot re-flow"(热对流)技术安装 SMD 元器件时,锡膏防护层用来建立阻焊层的丝印。如图 2-127 所示。

图 2-127　阻焊层和锡膏防护层

(7)其他工作层(Others)。

PCB 编辑器还提供了其他工作层,如图 2-128 所示。钻孔层(Drill Layers)主要是为制造电路板提供钻孔信息,该层是自动计算的。AD 提供 Drill Guide 和 Drill Drawing 两个钻孔层。禁止布线层(Keep Out)用于定义放置元器件和布线区域的。

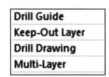

图 2-128　其他工作层

(8)必备工作层。

PCB 编辑器除了提供上述的可选择的工作层面外,还有 PCB 编辑时必须具备的工作层,简称为"必备工作层",如图 2-129 所示。

Connections and From Tos	网络连接预拉线
Background	背景
DRC Error Markers	DRC错误标志
Selections	选中的物体
Visible Grid 1	可视光栅1
Visible Grid 2	可视光栅2
Pad Holes	焊盘孔
Via Holes	过孔孔
Highlight Color	高亮颜色
Board Line Color	板边框颜色
Board Area Color	板区颜色
Sheet Line Color	图纸边框线颜色
Sheet Area Color	图纸区颜色
Workspace Start Color	工作窗口起始颜色
Workspace End Color	工作窗口结束颜色

图 2-129　必备工作层

2.板层的设置

PCB 的板层,从绘制 PCB 的角度讲,是重要的工作层面。也可以说,信号层和内电层是特殊的板层。

(1)板层堆栈管理器。

在板层堆栈管理器内可以添加、删除工作层(板层),还可以更改各个工作层(板层)的顺序。可以说，信号层和内电层的添加、删除也必须在板层堆栈管理器内进行，如图 2-130 所示。

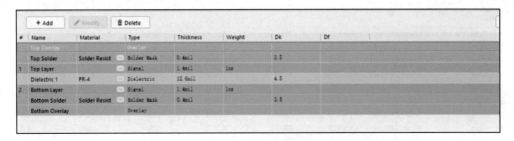

图 2-130　板层堆栈管理器

（2）板层设置。

板层的设置方法如下。

①执行"Design"→"Layer Stack Manager"命令。

②选中顶层或底层，单击"Add"按钮，电路板上即可增加对应层，如图 2-131 所示。

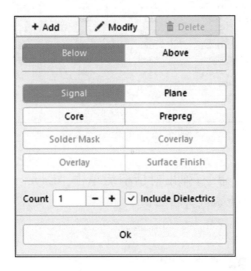

图 2-131　增加板层

③单击图 2-131 中的"Add"按钮，在电路板上即可增加对应的层，这里增加了一个内电层，如图 2-132 所示。

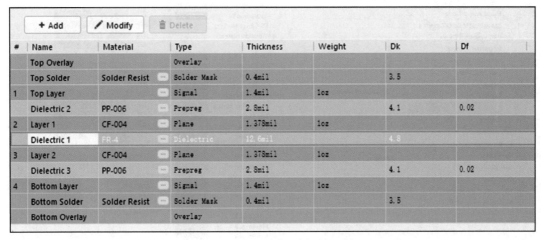

#	Name	Material		Type	Thickness	Weight	Dk	Df
	Top Overlay			Overlay				
	Top Solder	Solder Resist	…	Solder Mask	0.4mil		3.5	
1	Top Layer		…	Signal	1.4mil	1oz		
	Dielectric 2	PP-006	…	Prepreg	2.8mil		4.1	0.02
2	Layer 1	CF-004	…	Plane	1.378mil	1oz		
	Dielectric 1	FR-4	…	Dielectric	12.6mil		4.8	
3	Layer 2	CF-004	…	Plane	1.378mil	1oz		
	Dielectric 3	PP-006	…	Prepreg	2.8mil		4.1	0.02
4	Bottom Layer		…	Signal	1.4mil	1oz		
	Bottom Solder	Solder Resist	…	Solder Mask	0.4mil		3.5	
	Bottom Overlay			Overlay				

图 2-132　增加了内电层

④材料属性设置：单击某一层后，单击"Modify"按钮弹出材料属性对话框，如图 2-133 所示。

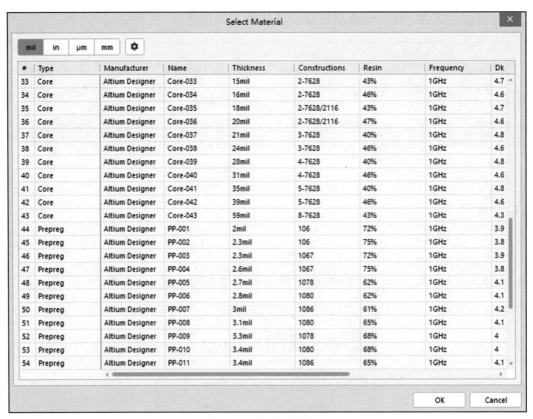

图 2-133　材料属性设置

3.工作层颜色设置

执行"Tools"→"Preferences"命令,弹出对话框后单击"Layer Colors"按钮,各层显示颜色如图 2-134 所示。这里可以对工作层的颜色进行修改。

图 2-134　工作层颜色设置

学习反思

以小组为单位展开学习反思,回顾整个任务的学习和操作过程,反思是否已经掌握重难点？完成以下练习。

任务作业

打开软件,进一步熟悉以下内容。

1.使用 PCB 编辑器工具栏、编辑环境调用工作面板。

2.PCB 编辑器参数的调整。

3.各种板层的类型及功能。

任务 2.8 USB 鼠标电路 PCB 的设计

学习目标

▶知识目标

（1）了解 PCB 的设计规则。

（2）掌握设置 PCB 的方法。

（3）掌握复杂电路的 PCB 设计方法。

（4）掌握验证 PCB 的设计方法。

▶能力目标

（1）能够进行复杂电路的 PCB 设计。

（2）能够验证 PCB 的设计是否有误。

（3）能够修改出现的错误。

▶素质目标

（1）培养勇于探索的创新精神。

（2）培养分析问题、解决问题的能力。

学习重点

导入元器件，元器件布局。

学习难点

检查绿色高亮显示。

任务导学

本任务通过 USB 鼠标电路 PCB 图的设计进一步掌握创建、设置 PCB 文档的方法。

（1）课前复习 PCB 各项工具及设置 PCB 的各种常规参数。

（2）课中，练习 PCB 元器件导入及多种布局的方法。

（3）课中，完成 USB 鼠标电路的绘制。

（4）课后，完成布置的相关练习。

任务实施与训练

▶问题驱动

（1）PCB 有哪些布线方法？

（2）Altium Designer 常用的规则有哪些？

2.8.1 创建 PCB

1.在项目中新建 PCB 文档

（1）启动 Altium Designer，打开"USB 鼠标电路.PrjPCB"的项目文件，再打开"USB 鼠标电路原理图.SchDoc"的原理图。

（2）新建一个新的 PCB 文件。方法如下：执行主菜单中的"File"→"New"→"PCB"命令，在"USB 鼠标电路.PrjPcb"项目中新建一个名称为"PCB1.PcbDoc"的 PCB 文件。

（3）在新建的 PCB 文件上单击鼠标右键，在弹出的下拉菜单中执行"Save"命令，打开"Save [PCB1.PcbDoc]As"对话框。

（4）在"Save[PCB1.PcbDoc]As"对话框的"文件名"编辑框中输入"USB 鼠标电路 PCB 图"，单击"保存"按钮，将新建的 PCB 文档保存为"USB 鼠标电路 PCB 图.PcbDoc"文件，如图 2-135 所示。

图 2-135　新建的 PCB 图文件名

2.设置 PCB

（1）单击绘图区右侧的"Properties"按钮，打开"Properties"面板，如图 2-136 所示。

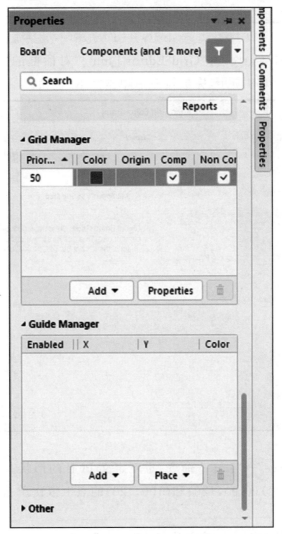

图 2-136　"Properties"面板

（2）单击图 2-136 中"Other"区域的"Units"中"mm"按钮，将板子的尺寸单位改成公制。

（3）单击"Grid Manage"区域的"Properties"按钮打开 "Cartesian Grid Editor［mm］"对话框,如图 2-137 所示。

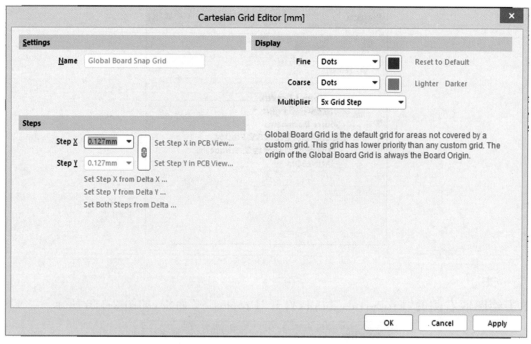

图 2-137 "Cartesian Grid Editor［mm］"对话框

（4）在如图 2-137 所示的"Cartesian Grid Editor［mm］"对话框的"Steps"区域中设置"Step X、StepY"为"1.000mm",如图 2-138 所示,完成设置后单击"OK"按钮。

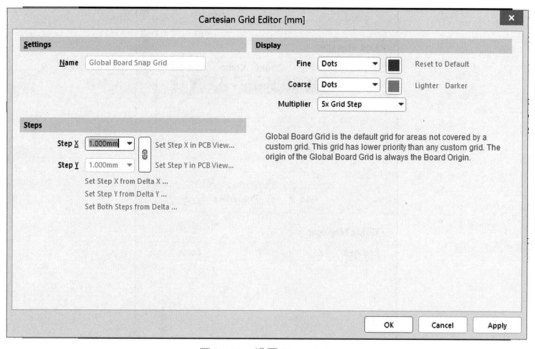

图 2-138 设置 Step X、Y

（5）在主菜单中执行"Place"→"Line"命令,重新定义 PCB 的形状。移动光标按顺序分别在工作区内坐标为(100,30)、(190,30)、(190,120)和(100,120)的点上依次单击,最后单击鼠标右键,绘制一个矩形区域。

（6）选中绘制的矩形边界,在主菜单中执行"Design"→"Board Shape"→"Define from selected objects"命令,重新定义 PCB 的形状。

重新定义的 PCB 区域如图 2-139 所示。

图 2-139 重新定义的 PCB 区域

（7）单击工作区下部的"Keep-Out Layer"层标签，选择"Keep Out Layer"层，重新定义 PCB 的边框。

（8）单击"Utilities"工具栏中的绘图工具按钮，在弹出的工具栏中单击线段工具按钮，移动光标按顺序连接工作区内坐标为(103,33)、(187,33)、(187,117)和(103,117)的四个点，然后移动光标回到(103,33)处，光标处出现一个小方框，单击鼠标左键，即绘制出"Keep Out"布线的矩形区域，如图 2-140 所示，单击鼠标右键，退出布线状态。

图 2-140 绘制布线区域的 PCB

至此，PCB 的形状、大小、布线区域和层数就设置完毕了。

2.8.2 导入元器件

1. 检查元器件封装

在原理图编辑器下，用封装管理器检查每个元器件的封装是否正确。打开封装管理器，执行"Tools"→"Footprint Manager"命令，弹出"Footprint Manager-［USB 鼠标电路. PrjPcb］"对话框，如图 2-141 所示。这里可以检查元器件封装是否正确。

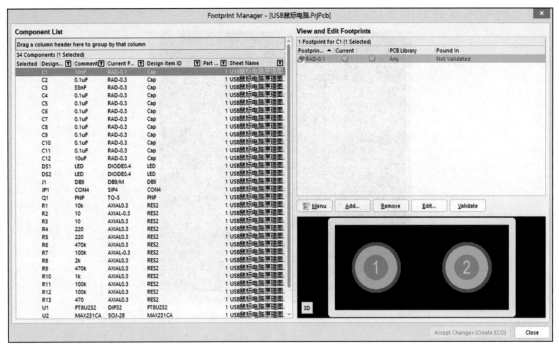

图 2-141　"Footprint Manager-[USB 鼠标电路.PrPcb]"对话框

2. 导入变化

在主菜单中执行"Design"→"Import Changes From USB 鼠标电路.PrjPcb"命令,打开如图 2-142 所示的"Engineering Change Order"对话框。

图 2-142　"Engineering Change Order"对话框

3. 验证有无错误

单击"Engineening Change Order"对话框中的"Validate Changes"按钮,验证封装有无不妥之处,如果执行过程中未出现问题则在状态列表中的"Status"下的"Check"中显示✓符号;若执行过程中出现问题将会显示✗符号。关闭对话框,打开"Messages"面板查看错误原因,并清除所有错误。

4. 使变化生效

(1)单击"Execute Changes"按钮,应用所有已选择的更新,"Engineering Change Order"对话框内列表中的"Status"下的"Check"列和"Done"列将显示检查更新和执行更新后的结果,如果执行过程中出现问题将会显示✗符号,若执行过程中出现问题则会显示✓符号。如有错误,需检查错误,导入变化后开始重新执行,检查没有错误且应用更新后的"Engineering Change Order"对话框,如图 2-143 所示。

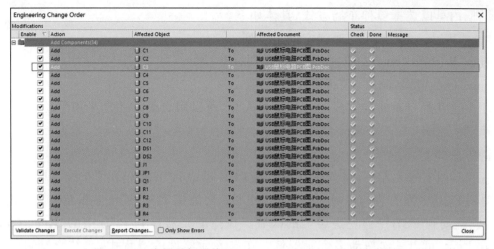

图 2-143 应用更新后的"Engineering Change Order"对话框

（2）单击"Engineering Change Order"对话框中的"Close"按钮关闭该对话框。至此，原理图中的元器件和连接关系就导入到 PCB 中了。

导入原理图信息的 PCB 文件的工作区如图 2-144 所示，此时 PCB 文件的内容与原理图文件"USB 鼠标电路原理图.SchDoc"就完全一致了。

图 2-144 PCB 文件的工作区

2.8.3 元器件布局

1.自动布局

Altium Designer 提供了自动布局功能。执行主菜单"Tools"→"Component Placement"命令，即可选择自动布局，如图 2-145 所示。

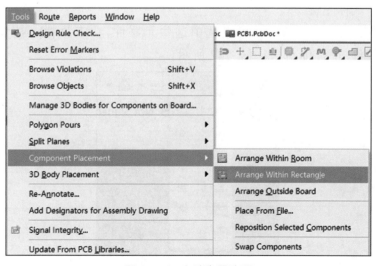

图 2-145 自动布局选项

在该对话框内可以选择多种布局方式,具体如下。

①"Arrange Within Room":在布局空间里排列。

②"Arrange Within Rectangle":在矩形里排列。

③"Arrange Outside Board":在底边界外排列。

实际应用中这几种自动布局方式的效果不尽人意,所以用户最好还是采用手动布局。

2. 手动布局

手动布局方法如下。

(1)单击 PCB 图中的元器件,将其一一拖放到 PCB 板中的"Keep-Out"布线区域内。单击元器件 U1,将它拖动到 PCB 中靠右边的区域;单击元器件 U2,将它拖动到 PCB 中靠左边居中的区域。单击元器件 J1,将它拖动到 PCB 中靠左边居上的区域。在拖动元器件到 PCB 中的"Keep-Out"布线区域时,如图 2-146 所示,可以一次拖动多个元器件。在导入元器件的过程中,系统自动将元器件布置到 PCB 的顶层(Top Layer),如果需要将元器件放置到 PCB 的底层(Bottom Layer)则需要进行如下操作。

双击元器件,按"Tab"键,打开的"Properties"面板。在面板中"Properties"区域内的"Layer"下拉列表中选择"Bottom Layer"项。这样,元器件连同其标志文字就都被调整到 PCB 的底层。

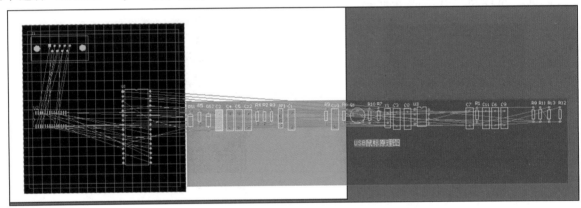

图 2-146　移动元器件

(2)放置其他元器件布置到 PCB 顶层,然后调整元器件的位置。调整元器件位置时,最好将光标设置成大光标,方法:单击鼠标右键,弹出菜单,选择"Preferences"选项,弹出"Preferences"对话框,在光标类型(Cursor Type)处选择"Large 90"即可。

(3)放置元器件时,选择于其他元器件连线最短,交叉最少的原则,可以按"Space"键,让元器件旋转到最佳位置,才放开鼠标左键。

(4)如果需要多个元器件整齐排列,可以选中这些元器件,在工具栏上按 图标,弹出下拉工具,选对应图标,对元器件进行排列,如图 2-147 所示。

图 2-147　元器件排列工具

（5）在放置元器件的过程中，可以按"G"键，设置元器件的"Snap Grid"以及"Component Grid"，以方便元器件摆放整齐。也可以设置 PCB 采用公制（metric）单位或英制（imperial）单位，最好采用英制单位。手动布局完成后的 PCB 如图 2-148 所示。

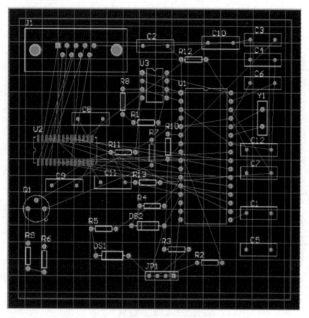

图 2-148　手动布局完成后的 PCB

（6）单击工作区中的名称为"USB 鼠标电路"的 room 框，按键盘的"Delete"键，将其删除。

room 框用于限制单元电路的位置，即某一个单元电路中的所有元器件将被限制在由 room 框所限定的 PCB 范围内。room 框的设置便于 PCB 的布局规范，减少干扰，通常用于层次化的模块设计和多通道设计中。由于本项目未使用层次设计，不需要使用 room 框的功能，为了方便元器件布局，可以先将该 room 框删除。

3. 运行设计规则检查

执行"Tools"→"Design Rule Check"命令，给出错误报告，如图 2-149 所示。

Rule Violations	Count
Width Constraint (Min=39.37mil) (Max=39.37mil) (Preferred=39.37mil) (InNet('GND'))	0
Width Constraint (Min=39.37mil) (Max=39.37mil) (Preferred=39.37mil) (InNet('VCC'))	0
Modified Polygon (Allow modified: No), (Allow shelved: No)	0
Net Antennae (Tolerance=0mil) (All)	0
Silk primitive without silk layer	0
Silk to Silk (Clearance=10mil) (All),(All)	0
Silk To Solder Mask (Clearance=10mil) (IsPad),(All)	30
Minimum Solder Mask Sliver (Gap=10mil) (All),(All)	0
Hole To Hole Clearance (Gap=10mil) (All),(All)	0
Hole Size Constraint (Min=1mil) (Max=100mil) (All)	2
Height Constraint (Min=0mil) (Max=1000mil) (Prefered=500mil) (All)	0
Width Constraint (Min=15.748mil) (Max=23.622mil) (Preferred=23.622mil) (All)	0
Power Plane Connect Rule(Relief Connect)(Expansion=20mil) (Conductor Width=10mil) (Air Gap=10mil) (Entries=4) (All)	0
Clearance Constraint (Gap=10mil) (All),(All)	0

图 2-149　设计规则检查后的错误报告

4. 修改错误

从错误报告中看到有 2 个地方出错：

Silk To Solder Mask（Clearance＝10mil）（IsPad），（All）；

Hole Size Constraint（Min＝1mil）（Max＝100mil），（All）。

可以用前面介绍的方法,从菜单执行"Design"→"Rules"命令,打开"PCB Rules and Constraints Editor[mm]"对话框。双击"Manufacturing",在对话框的右边将显示所有制造规则,找到"Silk To Solder Mask Clearance*"和"Hole Size"两行,把"Enabled"栏复选框的"√"去掉即可。该操作表示关闭这2个规则,不进行该2项的规则检查。

另外的方法是进入规则后将出现错误的规则进行修改,具体如下。

针对 Silk To Solder Mask(Clearance=0.254mm)(IsPad)规则,进入规则的详细设置后可以看到规则设置过大,如图 2-150 所示,将规则改小即可。

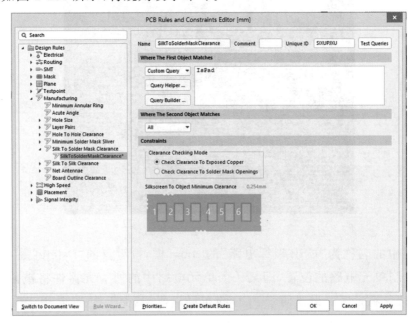

图 2-150　Silk To Solder Mask 规则

针对 Hole Size Constraint(Min=0.0254mm)(Max=2.54mm)规则,同样进入规则的详细设置后可以看到规则设置过小,如图 2-151 所示。电路中 J1 的两个 0 焊盘的 Hole Size 大于规则中的 MAX 值,因此将规则中 MAX 值改大即可。

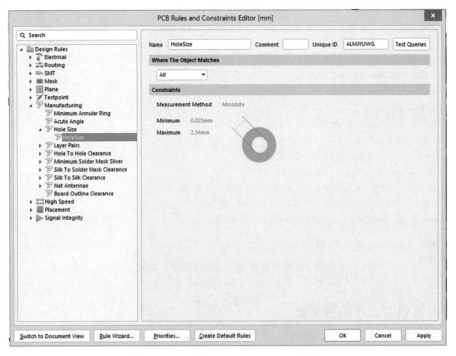

图 2-151　Hole Size Constraint 规则

现在 PCB 上就没有绿色的高亮显示了,如图 2-152 所示。

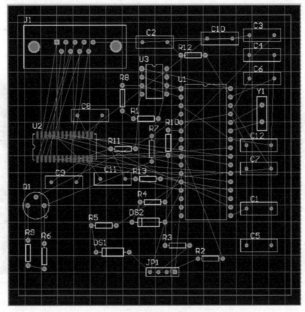

图 2-152   清除了绿色高亮的 PCB 板

2.8.4 更改元器件封装

将 C1~C12 元器件的封装修改为"RAD-0.1",这里我们可以采用以下方法进行修改。

1.方法 1:逐一修改

双击某个元器件(如图 2-152 所示的 C1)弹出了 C1 的属性窗口,如图 2-153 所示,在窗口右下半部分可以看出目前 C1 的封装名为"RAD-0.3",这个封装的脚距离为 300mil,根据实际采用元器件的情况,我们将其改为 100mil 的封装"RAD-0.1"。

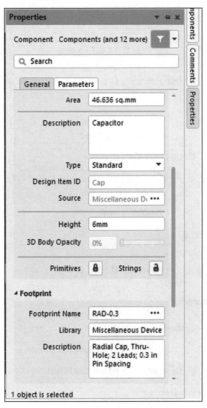

图 2-153   C1 属性窗口

单击如图 2-153 所示的左下方"Footprint"区域"RAD-0.3"后面的"…"按钮,打开 PCB 模型窗口,进入图 2-154 所示的库浏览窗口,在封装列表中选择封装"RAD-0.1"。

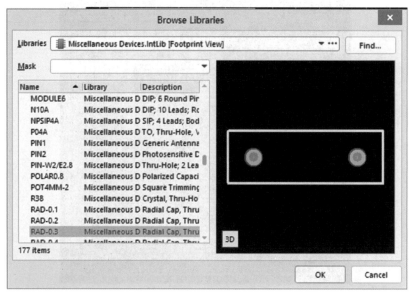

图 2-154 库浏览窗口

单击图 2-154 中"OK"按钮,这时返回到图 2-155 所示窗口,对比图 2-153 与图 2-155 可以知道,C1 的封装已被修改为"RAD-0.1"了。

图 2-155 修改后 C1 属性窗口

2.方法 2:批量处理

在 PCB 图中右击弹出快捷菜单如图 2-156 所示。

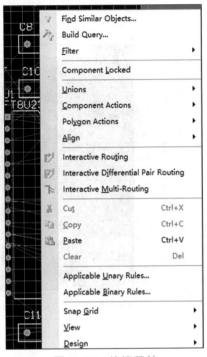

图 2-156 快捷菜单

执行"Find Similer Objects"命令,光标变为十字光标后,单击某个电容,出现图 2-157 查找对象的匹配条件窗口,此窗口要求我们填写查找对象的匹配条件(或理解成符合查找的条件)。一般情况下,同类元器件会在图中椭圆标记处(分别代表描述、参考符号)有相同特征,所以这几项后面可以选择填"Same"(一般填写一处即可),意思是我们查找"符合这一条相同"的对象,下面的其他选项可以参照如图 2-157 所示的设置。

图 2-157 查找对象的匹配条件的窗口

在图 2-157 中单击"Apply"按钮,这时图中元器件显示如图 2-158 所示的情况,凡是封装为 RAD-0.3 的电容都被选中。

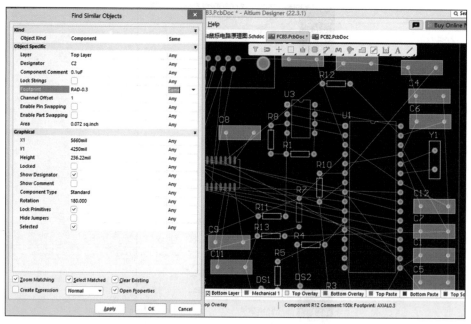

图 2-158　选中 RAD-0.3 的元器件封装

继续单击图 2-158 窗口的"OK"按钮,这时屏幕弹出"Properties"面板,如图 2-159 所示。在面板中找到"Footprint Name",目前显示是"RAD-0.3",直接将其改成"RAD-0.1"并关闭如图 2-159 所示窗口,这样所有 Cap 的封装都被改成"RAD-0.1"了,这个方法也可修改包括某类字符全部隐藏等等,都可以在图2-159所示窗口中完成。

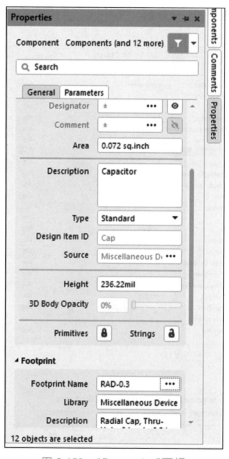

图 2-159　"Properties"面板

3.方法 3:封装管理器

除了上面介绍的单个元器件的封装检查和批量处理外,Altium Designer 还提供了专门检查封装的封装管理器,在原理图中执行如图 2-160 所示"Tools"→"Footprint Managner…"命令。

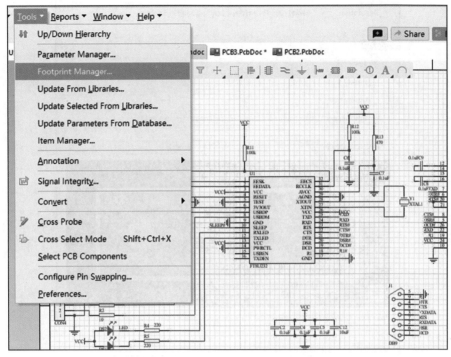

图 2-160　在原理图中打开封装管理器

执行后可以看到图 2-161 所示的窗口,左边列出原理图中所有元器件的标号、注释、封装等信息,右边上半部分是某个已选中元器件 C1 所采用的封装名"RAD-0.3",右下半部分是封装的具体预览。如需对 C1 的封装进行修改,则单击右边中间的"Edit"按钮,出现如图 2-162 所示的 PCB 模型窗口。

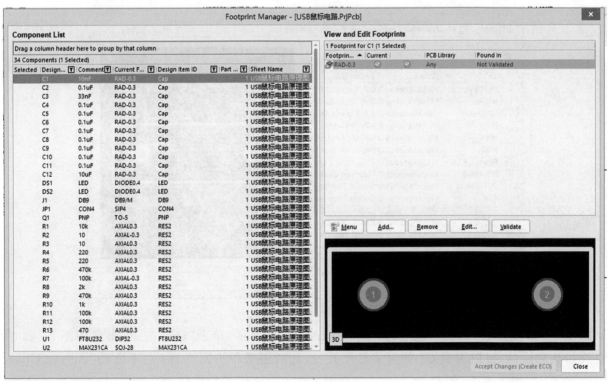

图 2-161　封装管理器窗口

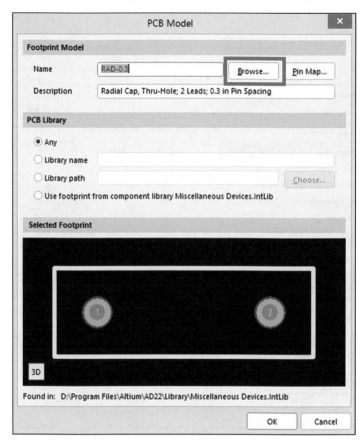

图 2-162　PCB 模型窗口

将图 2-162 所示,"PCB Library"区域选项改为"Any",再单击"Browse…"按钮进入库浏览窗口,如图 2-163 所示。

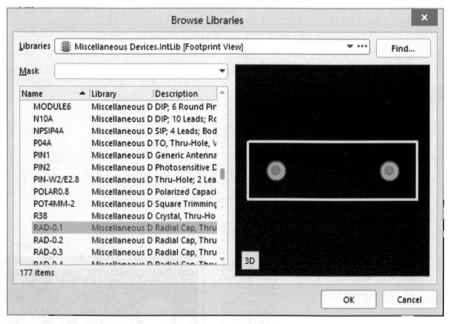

图 2-163　库浏览窗口

如图 2-163 所示,在封装列表中选择封装"RAD-0.1"选项,单击"OK"按钮,出现如图 2-164 所示的更改封装后窗口,可以看到 C1 的封装已经改变,此时还需单击图 2-164 右下方的"Accept Changes [Creat EOC]"(接受改变,创建 ECO)按钮,会现如图 2-165 所示的窗口。

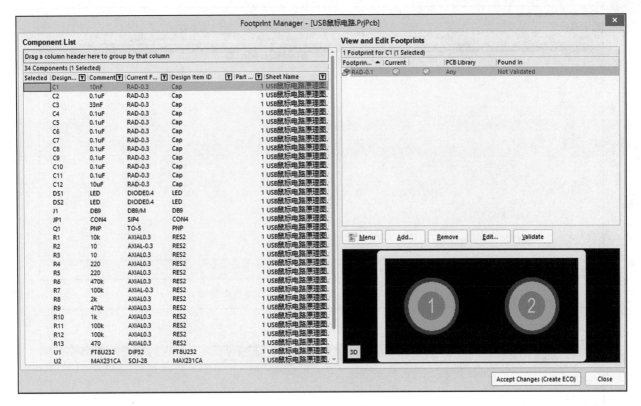

图 2-164　更改封装后

图 2-165 是工程变更命令的窗口,简称 ECO。该窗口为目前修改/核对的项目列表,窗口左下"Validate Changes"按钮是验证改变,"Execute Changes"按钮是执行改变,"Report Changes…"按钮是输出改变的报告,"Only Show Errors"选项是只显示错误(当验证通不过时则可以通过勾选这个选项显示这些错误)。

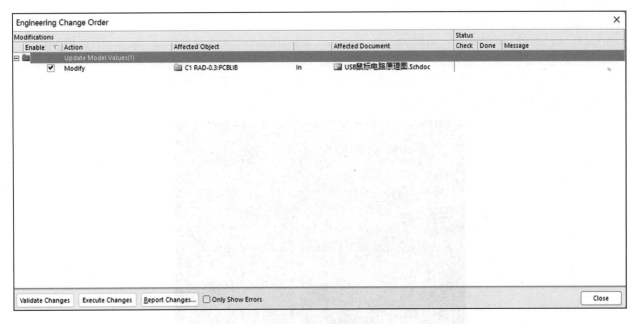

图 2-165　工程变更命令窗口

一般情况下,我们先单击"Validate Changes"按钮,如图 2-166 所示的标记处出现正确(绿色)或错误(红色)记号,这是软件核查后的一个结果提示。当此处标记无错误时,再单击"Execute Changes"按钮,如图 2-167 所示。执行完成后,又会出现执行后的正确(绿色)或错误(红色)记号,最后单击"Close"按钮结束修改。

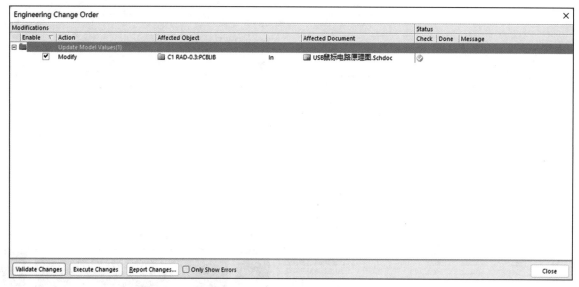

图 2-166 执行"Validate Changes"后的工程变更命令窗口

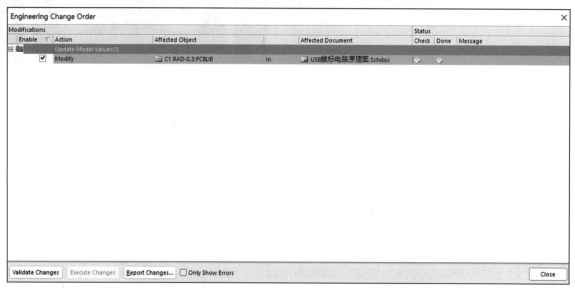

图 2-167 执行"Execute Changes"后的工程变更命令窗口

修改封装后的 PCB,如图 2-168 所示。

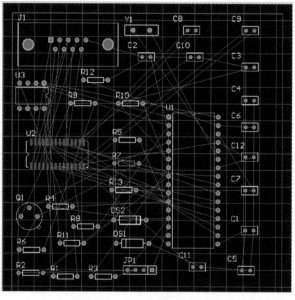

图 2-168 修改封装后的 PCB

2.8.5 设计规则设置

Altium Designer 的 PCB 编辑器是一个规则驱动环境。在设计过程中,如放置导线、移动元器件或者自动布线,Altium Designer 都会监测每个动作,并检查设计是否仍然完全符合设计规则。如果不符合设计规则,Altium Designer 会立即警告,强调出现的错误。

设置布线规则是充分利用软件的优势为我们的设计保驾护航,以便让我们集中精力设计,因为一旦出现错误,软件就会提示。

1.打开设计规则窗口

首先执行"Design"→"Rules…"命令,出现如图 2-169 所示的设计规则设置窗口,我们一般重点设置三个项目,即安全布线距离设置、板层设置和铜膜线宽设置,其他设置可以参阅相关资料获得帮助,或者暂时设置成默认参数即可。

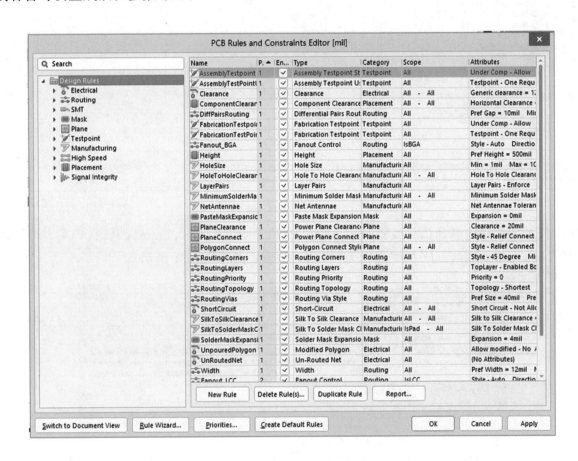

图 2-169　设计规则设置窗口

2.常用规则介绍

"Clearance"(设置走线间距约束):该设置位于如图 2-170 所示中椭圆标记处。该项用于设置直线与其他对象之间的最小距离,也即布线的安全距离。走线间距应该首先满足电气安全要求,同时要考虑便于生产和实际 PCB 大小的承受能力。

(1)"Width"(线宽):用来设置不同网络的导线宽度,如图 2-170 所示。铜箔导线宽度的设定要依据线路中流过的电流大小、PCB 板的大小、元器件的多少、导线的疏密和印制板制造厂家的生产工艺等多种因素决定,一般 1～1.5mm 的线宽,可以流过 2A 的电流。对于其他信号线,一般要选择大于 0.3mm(除特殊线路可以适当再小些)的,手工制板应不少于 0.5mm,否则质量不易保证。

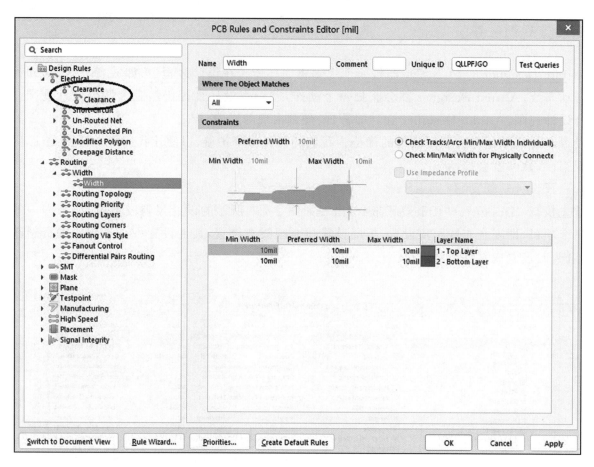

图 2-170　导线宽度设置

本次任务我们设定普通信号线宽（width）为"15～24mil"（0.4～0.6mm），电源（VCC）部分线宽为"40mil"（1mm），接地线（GND）的宽度设为"40mil"（1mm），如图 2-171 所示。

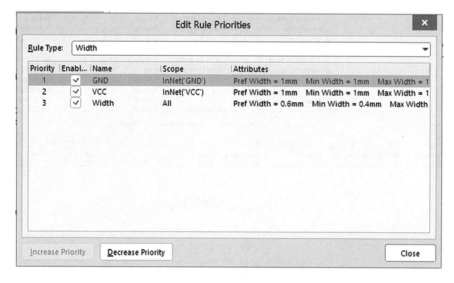

图 2-171　三种线宽设置

注意：铜箔导线宽度的设定要依据 PCB 的大小、元器件的多少、导线的疏密和印制板制造厂家的生产工艺等多种因素决定。

（2）"Routing Layers"（设置布线工作层）：印制板包括单面板、双面板和多层板三种，通常以单面板和双面板的设计为主，如图 2-172 所示。

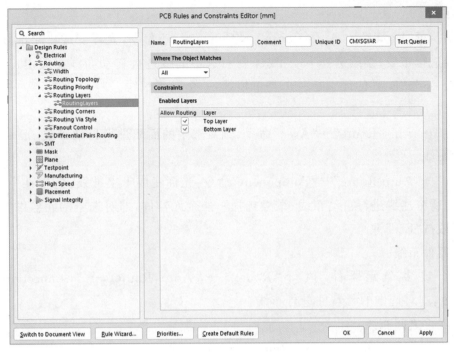

图 2-172　设置布线工作层

2.8.6 PCB 布线

1. 自动布线

（1）网络自动布线。

在主菜单中执行"Route"→"Auto Route"→"Net"命令，光标将变成十字准线，选中需要布线的网络即完成所选网络的布线；继续选择需要布线的其他网络，即完成相应网络的布线。单击鼠标或按"Esc"键退出该模式。自动布线时可以先布电源线，再布其他线。电源线"VCC"的电路布线图，如图 2-173 所示。

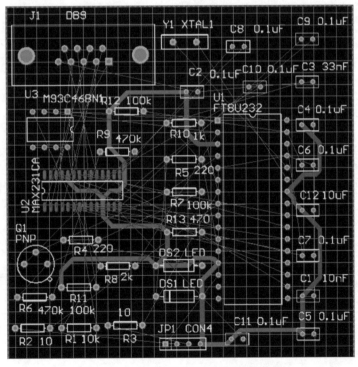

图 2-173　电源线"VCC"的电路布线图

（2）单根布线。

在主菜单中执行"Route"→"Auto Route"→"Connection"命令，光标变成十字准线，选中某根线，即对选中的连线进行布线；继续选择下一根线，则对选中的线进行自动布线。要退出该模式，右击鼠标或按"Esc"键。它与"Net"的区别是一个是单根线，一个是多根线。

（3）面积布线。

执行"Route"→"Auto Route"→"Area"命令，则对选中的面积进行自动布线。

（4）元器件布线。

执行"Route"→"Auto Route"→"Component"命令，光标变成十字准线，选中某个元器件，即对该元器件管脚上的所有连线进行自动布线；继续选择下一个元器件，即对选中的元器件布线。要退出该模式，右击鼠标或按"Esc"键。

（5）选中元器件布线。

先选中一个或多个元器件，执行"Route"→"Auto Route"→"Connections On Selected Component"命令，则对选中的元器件进行布线。

（6）选中元器件之间布线。

先选中一个或多个元器件，执行"Route"→"Auto Route"→"Connections Between Selected Component"命令，则在选中的元器件之间进行布线，布线不会延伸到选中元器件之外。

（7）自动布线。

在主菜单中执行"Route"→"Auto Route"→"All"命令，打开如图 2-174 所示的"Situs Routing Strategies"对话框。

在"Situs Routing Strategies"对话框内的"Available Routing Strategies"列表中选择"Default 2 Layer Board"项，单击"Route All"按钮，启动 Situs 自动布线器。

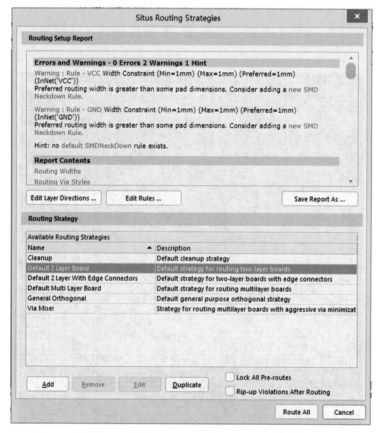

图 2-174 "Situs Routing Strategies"对话框

152

自动布线结束后，系统弹出"Messages"工作面板，显示自动布线过程中的信息，如图 2-175 所示。

Class	Document	Source	Message	Time	Date	No.
Situs E	USB鼠标电路F	Situs	Completed Layer Patterns in 0 Seconds	15:22:24	2022/10/16	8
Situs E	USB鼠标电路F	Situs	Starting Main	15:22:24	2022/10/16	9
Routir	USB鼠标电路F	Situs	Calculating Board Density	15:22:24	2022/10/16	10
Situs E	USB鼠标电路F	Situs	Completed Main in 0 Seconds	15:22:24	2022/10/16	11
Situs E	USB鼠标电路F	Situs	Starting Completion	15:22:24	2022/10/16	12
Situs E	USB鼠标电路F	Situs	Completed Completion in 0 Seconds	15:22:24	2022/10/16	13
Situs E	USB鼠标电路F	Situs	Starting Straighten	15:22:24	2022/10/16	14
Situs E	USB鼠标电路F	Situs	Completed Straighten in 0 Seconds	15:22:25	2022/10/16	15
Routir	USB鼠标电路F	Situs	89 of 89 connections routed (100.00%) in 2 Seconds	15:22:25	2022/10/16	16
Situs E	USB鼠标电路F	Situs	Routing finished with 0 contentions(s). Failed to complete 0 conn	15:22:25	2022/10/16	17

图 2-175　"Messages"工作面板

本例中，先布电源线"VCC"，再布其它线后的 PCB 如图 2-176 所示。

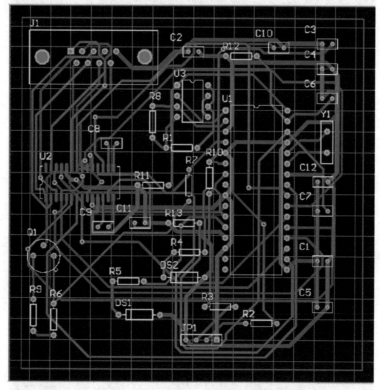

图 2-176　自动布线生成的 PCB

2. 调整布线

如果用户觉得自动布线的效果不令人满意，可以重新调整元器件的布局。

如果想重新布线，方法：如果执行主菜单"Route"→"Un-Route"→"All"命令，会把所有已布的线路全部撤销，已布线变成飞线；如果执行"Route"→"Un-Route"→"Net"命令，用鼠标单击需要撤销的网络，可以撤销选中的网络；如果执行"Route"→"Un-Route"→"Connection"命令，可以撤销选中的连线；如果执行"Route"→"Un-Route"→"Component"命令，用鼠标单击元器件，相应元器件上的线全部变为飞线。

现在执行"Route"→"Un-Route"→"All"命令，撤销所有已布的线。然后移动元器件，调整元器件布局后的 PCB 电路如图 2-177 所示。

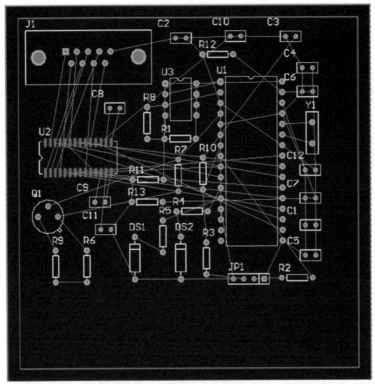

图 2-177　重新调整布局后的 PCB 电路

执行"Route"→"Auto Route"→"All"命令,布线结果如图 2-178 所示。

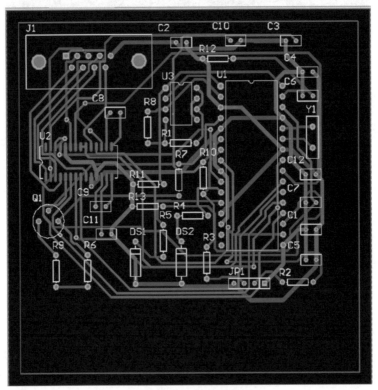

图 2-178　重新自动布线后的 PCB

从操作过程可以看出,PCB 的布局对自动布线的影响很大,所以用户在设计 PCB 时一定要合理设置元器件的布局,这样自动布线的效果才理想。

调整布线是在自动布线的基础上完成的,如 C2 和 R12 之间的连线不是很好,如图 2-179 所示,可以进行调整布线。

执行"Route"→"Interactive Routing"命令重新布线,如图 2-180 所示。

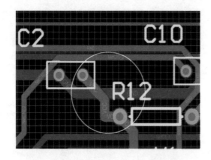

图 2-179　手动布线前的布线

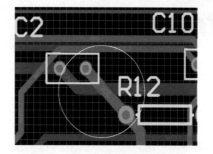

图 2-180　手动布线后的布线

观察自动布线的结果可知,对于比较简单的电路,当元器件布局合理,布线规则设置完善时,Altium Designer 中的 Situs 布线器的布线效果是令人满意的。

单击保存工具按钮 █,保存 PCB 文件。

2.8.7 验证 PCB 设计

1. 执行 DRC 命令

(1)在主菜单中执行"Tools"→"Design Rule Check..."命令,打开如图 2-181 所示的"Design Rule Checker[mm]"对话框。

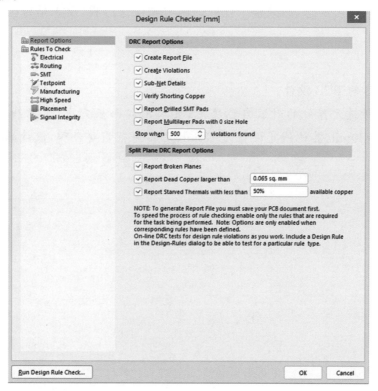

图 2-181　"Design Rule Checker[mm]"对话框

(2)单击图 2-181 中的"Run Design Rule Check..."按钮,启动设计规则测试。设计规则测试结束后,系统自动生成如图 2-182 所示的检查报告网页。

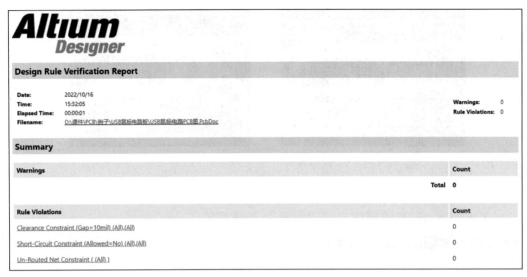

图 2-182　检查报告网页

2.查看报告修改错误

查看检查报告,系统设计中不存在违反设计规则的问题,系统布线成功。

《学习反思》

以小组为单位展开学习反思,回顾整个任务的学习和操作过程,反思是否已经掌握重难点？并完成以下练习。

任务作业

完成模数转换电路的 PCB 设计。

PCB 的尺寸根据所选元器件的封装自己决定,要求用双面板完成,电源线的宽度设置为 30mil,GND 线的宽度设置为 30mil,其他线宽设置为 12mil,元器件布局要合理,设计的 PCB 要适用。

任务 2.9 交互式布线和 PCB 设计技巧

《学习目标》

▷**知识目标**

(1)掌握交互式布线的各种方法。

(2)了解处理布线冲突的方法。

(3)掌握 PCB 的设计技巧。

▷**能力目标**

(1)能够在布线中添加过孔和切换板层。

(2)能够通过放置泪滴、放置过孔设置安装孔。

(3)能够布置多边形敷铜区域。

(4)能够放置尺寸标注、设置坐标原点等。

▷**素质目标**

(1)培养不断创新,锐意进取的精神。

(2)培养中华民族自豪感。

《学习重点》

(1)放置走线。

(2)连接飞线完成布线。

(3)PCB 的各种设计技巧。

《学习难点》

PCB 的各种设计技巧。

《任务导学》

项目一我们学习了如何绘制 PCB,并学习了布线的基本操作,包括手动布线和自动布线,可满足简单的 PCB 电路设置,如果遇到比较复杂的电路,我们就需要掌握 PCB 的交互式布线,同时需要学习 PCB 的一些绘制技巧。

(1)课前,复习之前讲过的 PCB 的手动布线和自动布线相关知识。

(2)课中,教师演示交互式布线的各种操作。

(3)课后,完成布置的相关练习。

《任务实施与训练》

▷问题驱动

(1)什么是交互式布线?交互式布线时需要注意什么?

(2)如何处理布线冲突?

(3)如何放置泪滴和过孔?

2.9.1 交互式布线知识

交互式布线并不是简单地放置线路使焊盘连接起来,它可以直观地帮助用户在遵循布线规则的前提下取得更好的布线效果,包括跟踪光标确定布线路径、单击实现布线、推开布线障碍或绕行、自动跟踪现有连接等。当开始进行交互式布线时,PCB 编辑器不仅可以放置线路,它还可以实现以下功能：

（1）应用所有适当的设计规则检测光标位置和鼠标单击动作；

（2）跟踪光标路径，放置线路时尽量减小用户操作的次数；

（3）每完成一条布线后检测连接的连贯性并更新连接线；

（4）支持布线过程中使用快捷键，如布线时按下"＊"键切换到下一个布线层，并根据设定的布线规则插入过孔。

1. 放置走线

当进入交互式布线模式后，光标便会变成十字准线，单击某个焊盘开始布线。当单击线路的起点时，当前的模式就在状态栏显示或悬浮显示（如果开启此功能）。此时向所需放置线路的位置单击或按"Enter"键放置线路，把光标的移动轨迹作为线路的引导，布线器能在最少的操作动作下完成所需的线路布置。

光标引导线路使得需要手工绕开阻隔的操作更加快捷、容易和直观。也就是说只要用户用鼠标创建一条路径，布线器就会试图根据该路径完成布线，这个过程是在遵循设定的设计规则和不同的约束及走线拐角类型下完成的。

在布线的过程中，在需要放置线路的地方单击之后继续布线，这使软件能精确地根据用户所选择的路径放置线路。如果在离起始点较远的地方单击放置线路，部分路径将和用户期望的有所差别。

注意：在没有障碍的位置布线，布线器一般会使用最短长度的布线方式进行布线，如果在这些位置用户要求精确控制线路，只能在需要放置线路的位置单击。

若需要对已放置的线路进行撤销操作，可以依照原线路的路径逆序再放置线路，这样原本已放置的线路就会撤销。注意，必须确保逆序放置的线路与原线路的路径重合，使软件可以识别出要进行线路撤销操作而不是放置新的线路。撤销刚放置的线路同样可以使用退格键（BackSpace）完成。在完成放置线路并右击退出本条线路的布线操作后，便不能再进行撤销操作。

以下快捷键可以在布线时使用。

Enter 键及单击鼠标左键：在光标当前位置放置线路。

Esc 键：退出当前布线，在此之前放置的线路仍然保留。

BackSpace 键：撤销上一步放置的线路。若在上一步布线操作中其他对象被推开至别的位置以避让新的线路，按 BackSpace 键它们将会恢复原来的位置。本功能在使用"Auto-Complete"时无效。

在交互式布线过程中，有不同的拐角类型，如图 2-183 所示。当在"Preferences"对话框里的"PCB Editor"中，"Interactive Routing"下的"Restrict to 90/45"模式的复选框不被选择时，圆形拐角和任意角度拐角就是可使用的。

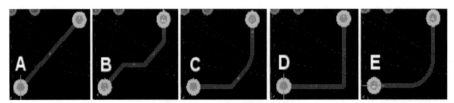

图 2-183　不同的拐角类形

可使用的拐角模式有任意角度（A）、45°（B）、45°圆角（C）、90°（D）、90°圆角（E）。

弧形拐角的弧度可以通过快捷键"，"（逗号）或"。"（句号）进行增加或减小，按"Shift＋。"组合键或"Shift＋，"组合键则以 10 倍速度增加或减小弧形拐角的弧度。

按"Space"键可以对拐角的方向进行控制切换。

2.连接飞线自动完成布线

在交互式布线中可以通过按"Ctrl＋单击"组合操作对指定连接飞线自动完成布线。这比单独手工放置每条线路效率要高得多,但本功能有以下几方面的限制:

(1)起始点和结束点必须在同一个板层内;

(2)布线以遵循设计规则为基础。

按"Ctrl＋单击"组合操作可直接单击要布线的焊盘进行布线,无须预先在选中对象的情况下完成自动布线。对部分已布线的网络,只要用"Ctrl＋单击"组合操作单击焊盘或已放置的线路,便可以自动完成剩余的布线。如果使用自动布线功能无法完成布线,软件将保留原有的线路。

3.处理布线冲突

布线工作是一个复杂的过程——在已有的元器件焊盘、走线、过孔之间放置新的统一线路。在交互式布线过程中,Altium Designer 具有处理布线冲突问题的多种方法,从而使得布线更加快捷,同时使线路疏密均匀、美观得体。

这些处理布线冲突的方法(有以下介绍的 4 种)可以在布线过程中随时调用,通过组合键"Shift＋R"对所需的模式进行切换。

在交互式布线过程中,如果使用推挤或紧贴、推开障碍模式,试图在一个无法布线的位置布线,线路端将会给出提示,告知用户该线路无法布通,如图 2-184 所示。

(1)围绕障碍物走线(Walk Around Conflicting Object) 模式。

该模式下,软件试图跟踪光标寻找路径绕过存在的障碍。它根据存在的障碍来寻找一条绕过障碍的布线,如图 2-185 所示。

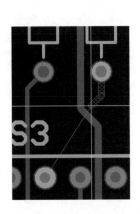
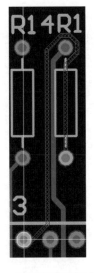

图 2-184　无法布通线路的提示　　　　图 2-185　围绕障碍物的走线模式

围绕障碍物的走线模式依据障碍实施绕开的方式进行布线,该方法有以下两种紧贴障碍模式。

①最短长度:试图以最短的线路绕过障碍。

②最大紧贴:绕过障碍布线时保持线路紧贴现存的对象。

这两种紧贴障碍模式在线路拐弯处遵循之前设置的拐角类型原则。

紧贴模式可通过组合键"Shift＋H"切换。

如果放置新的线路时冲突对象不能被绕行,布线器将在最近的障碍处停止布线。

(2)推挤障碍物(Push Conflicting Object) 模式。

该模式下软件将根据光标的走向推挤其他对象(走线和过孔),并使这些障碍与新放置的线路不发生冲突,如图 2-186 所示。如果冲突对象不能移动或经移动后仍无法适应新放置的线路,线路将贴近最近的冲突对象且显示阻碍标志。

(3)紧贴并推挤障碍物(Hug And Push Conflicting Object)模式。

该模式是围绕障碍物走线和推挤障碍物两种模式的结合。在该模式下,软件会根据光标的走向绕开障碍物,并且在仍旧发生冲突时推开障碍物(它将推开一些焊盘甚至是一些已锁定的走线和过孔,以适应新的走线)。

如果无法通过绕行或推开障碍来解决新的走线冲突,布线器将自动紧贴最近的障碍并显示阻塞标志,如图 2-187 所示。

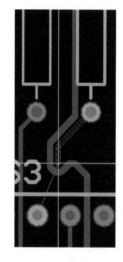
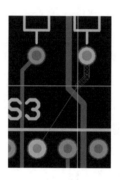

图 2-186　推挤障碍物模式　　　　图 2-187　无法布通线路的提示

(4)忽略障碍物(Ignore)模式。

该模式下软件将直接根据光标走向布线,不对任何冲突阻止布线。在该模式下,用户可以自由布线,冲突以高亮显示,如图 2-188 所示。

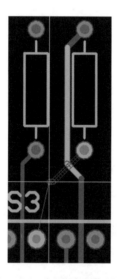

图 2-188　忽略障碍物模式

冲突解决方案的设置:在首次布线时应对冲突解决方案进行设置,在"Preferences"对话框中选择"PCB Editor"中的"Interactive Routing"选项,如图 2-189 所示。本对话框中设置的内容将取决于最后一次交互式布线时使用的设置。

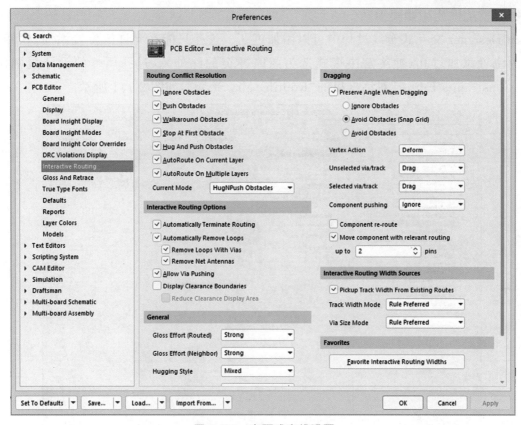

图 2-189　交互式布线设置

　　与之相同的设置可以在交互式布线时按"Tab"键弹出的"Properties"面板中进行设置,如图 2-190 所示。无论是在图 2-189 所示对话框对冲突解决方案进行设置,还是在通过按"Tab"键弹出的面板中对冲突解决方案进行设置,该设置都会变成下次进行交互式布线时的初始设置。

图 2-190　按"Tab"键弹出的交互式布线设置

4.布线中添加过孔和切换板层

Altium Designer 交互式布线过程中可以添加过孔。过孔只能在允许的位置添加,软件会阻止在产生冲突的位置添加过孔(冲突解决模式选为忽略冲突的除外)。过孔属性的设计规则位于"PCB Rules and Constraints Editor"对话框里的"Routing Via Style",如图 2-191 所示。

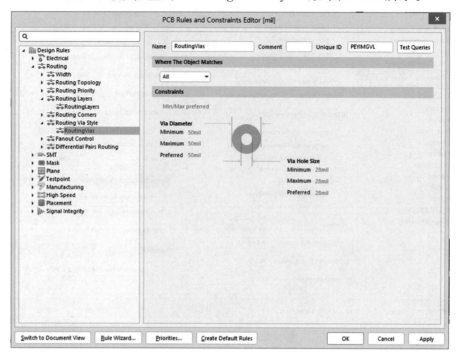

图 2-191 过孔的设置

(1)添加过孔并切换板层。

在布线过程中按数字键盘的"＊"键或"＋"键添加一个过孔并切换到下一个信号层;按"－"键添加一个过孔并切换到上一个信号层。该命令遵循布线层的设计规则,也就是只能在允许布线的层中切换。单击确定过孔位置后可继续布线。

(2)添加过孔而不切换板层。

按数字键盘的"2"键添加一个过孔,但仍保持在当前布线层,单击以确定过孔位置。

(3)添加扇出过孔。

按数字键盘的"/"键为当前走线添加过孔,单击确定过孔位置。用这种方法添加过孔后将返回原交互式布线模式,可以马上进行下一处网络布线。本功能在需要放置大量过孔(如在一些需要扇出端口的元器件布线中)时能节省大量的时间。

(4)布线中的板层切换。

当在多层板上的焊盘或过孔布线时,可以通过快捷键"L"把当前线路切换到另一个信号层中。布线过程中,当本功能在当前板层无法布通而需要进行布线层切换时可以起到很好的作用。

(5)PCB 的单层显示。

在 PCB 设计中,如果显示所有的层,有时会显得比较零乱,需要单层显示;或需要仔细查看每一层的布线情况时,也需要单层显示。按组合键"Shift＋S"就可实现单层显示,选择哪一层的标签,就显示哪一层。在单层显示模式下,按组合键"Shift＋S"又可回到多层显示模式。

2.9.2 PCB 的设计技巧

在掌握了以上的布线方式后,可以对前面任务设计的 PCB 进行优化,重新布局、布线后的 PCB

如图 2-192 所示。

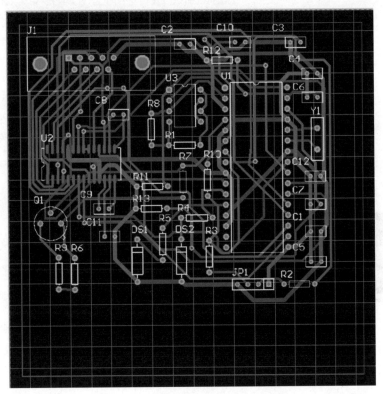

图 2-192　重新布局、布线后的 PCB 板

由于重新布局、布线后的 PCB 元器件的排列比原来紧凑,所以 PCB 的布线区域及板边框的尺寸可缩小。单击"Keep-Out Layer"层,将布线区域的右边框向左移动,下边框向上移动;重新绘制一个合适的边框,选中后执行"Design"→"Board Shape"→"Define from selected objects"命令,将 PCB 的边框缩小。

在进行下面的学习之前,一定要先检查设计的 PCB 有无违反设计规则的地方,在主菜单中执行"Tools"→"Design Rule Check…"命令,弹出"Design Rule Checker"对话框,单击"Run Design Rule Check…"按钮,启动设计规则测试。如设计合理,且没有违反设计规则,则进行下面的操作。

1.放置泪滴

如图 2-193 所示,在导线与焊盘或过孔的连接处有一段过渡区域,过渡的区域成泪滴状,所以称它为"泪滴"。

泪滴的作用是在焊接或钻孔时,避免应力集中在导线和焊点的接触点而使接触处断裂,让焊盘、过孔与导线的连接更牢固。

放置泪滴的步骤如下。

(1)打开需要放置泪滴的 PCB,执行"Tools"→"Teardrops"命令,弹出如图 2-194 所示的泪滴设置对话框。

(2)在"Working Mode"设置栏,选择"Add"选项表示此操作将添加泪滴;选择"Remove"选项表示此操作将删除泪滴。

(3)在"Objects"设置栏中如果选择"All"选项,将对所有的过孔及焊盘放置泪滴;如果选择"Selected Only"选项,将只对所选择的元素所连接的焊盘和过孔放置泪滴。

(4)在"Options"设置栏的"Teardrop Style"下拉菜单中设置泪滴的形状,其中"Curved"和"Line"两种形状分别如图 2-193 所示。

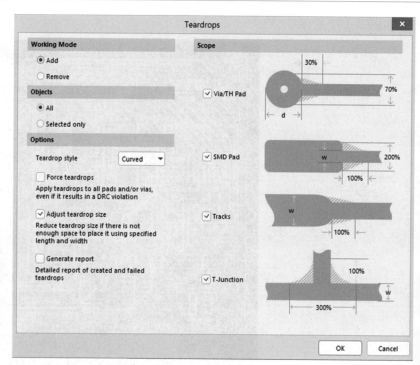

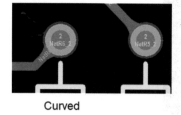

Curved

Line

图 2-193　泪滴的 Curved 和 Line 两种形状

图 2-194　泪滴设置对话框

（5）单击"OK"按钮，系统将自动按所设置的方式放置泪滴。

2.放置过孔作为安装孔

在低频电路中，可以放置过孔或焊盘作为安装孔。执行"Place"→"Via"命令，进入放置过孔的状态，按"Tab"键弹出"Properties"对话框设置 Via 的属性，如图 2-195 所示。

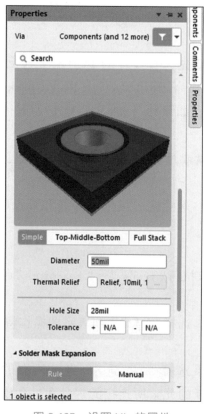

图 2-195　设置 Via 的属性

将过孔直径（Diameter）改为"50mil"；将过孔的孔直径（Hole Size）改为"28mil"；

将过孔放在 PCB 板的 4 个角上。过孔放在 PCB 上后，成绿色高亮，如图 2-196 所示。

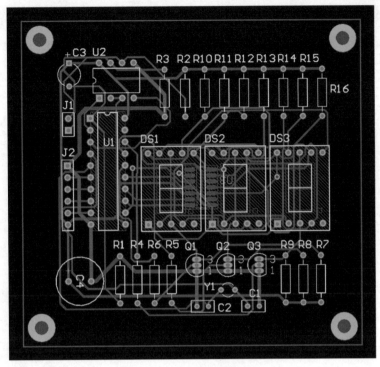

图 2-196　放置过孔的 PCB

检查过孔为什么是绿色高亮。步骤如下。

(1)在主菜单中执行"Tools "→"Design Rule Check…"命令,打开"Design Rule Checker"对话框。

(2)单击"Run Design Rule Check…"按钮,启动设计规则测试。

设计规则测试结束后,系统将自动生成如图 2-197 所示的检查报告网页。

Rule Violations	Count
Width Constraint (Min=1mm) (Max=1mm) (Preferred=1mm) (InNet('GND'))	0
Width Constraint (Min=1mm) (Max=1mm) (Preferred=1mm) (InNet('VCC'))	0
Modified Polygon (Allow modified: No), (Allow shelved: No)	0
Net Antennae (Tolerance=0mm) (All)	0
Silk primitive without silk layer	0
Silk to Silk (Clearance=0.254mm) (All),(All)	0
Silk To Solder Mask (Clearance=0.0254mm) (IsPad),(All)	0
Minimum Solder Mask Sliver (Gap=0.0254mm) (All),(All)	0
Hole To Hole Clearance (Gap=0.254mm) (All),(All)	0
Hole Size Constraint (Min=0.0254mm) (Max=2.54mm) (All)	6
Height Constraint (Min=0mm) (Max=25.4mm) (Prefered=12.7mm) (All)	0
Width Constraint (Min=0.4mm) (Max=0.6mm) (Preferred=0.6mm) (All)	0
Power Plane Connect Rule(Relief Connect)(Expansion=0.508mm) (Conductor Width=0.254mm) (Air Gap=0.254mm) (Entries=4) (All)	0
Clearance Constraint (Gap=0.254mm) (All),(All)	0

图 2-197　检查报告网页

错误原因:"Hole Size Constraint(Min=0.0254mm)(Max=2.54mm)(All)"。PCB 上孔的直径最小0.0254mm,最大 2.54mm,而用户放置的过孔的孔直径为 3mm,大于最大值,所以出现绿色的高亮显示。

修改设计规则:执行"Design"→"Rule"命令,出现"PCB Rules and Constraints Editor[mm]"对话框。执行"Design Rules"→"Manufacturing"→"Hole Size"命令,右击鼠标,从下拉菜单中选择"New Rule"选项,出现 Hole Size 的新规则,如图 2-198 所示,将孔直径的最大值改为"4mm"。

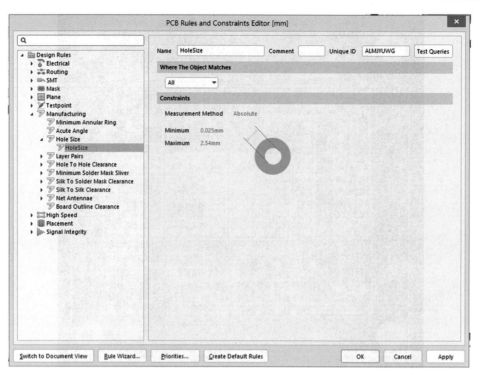

图 2-198　将孔直径的最大值改为 4mm

修改了这个参数后的 PCB 无绿色高亮显示,DRC 检查后无错误,如图 2-199 所示。

Summary	
Warnings	**Count**
Total	0
Rule Violations	**Count**
Width Constraint (Min=1mm) (Max=1mm) (Preferred=1mm) (InNet('GND'))	0
Width Constraint (Min=1mm) (Max=1mm) (Preferred=1mm) (InNet('VCC'))	0
Modified Polygon (Allow modified: No), (Allow shelved: No)	0
Net Antennae (Tolerance=0mm) (All)	0
Silk primitive without silk layer	0
Silk to Silk (Clearance=0.254mm) (All),(All)	0
Silk To Solder Mask (Clearance=0.0254mm) (IsPad),(All)	0
Minimum Solder Mask Sliver (Gap=0.0254mm) (All),(All)	0
Hole To Hole Clearance (Gap=0.254mm) (All),(All)	0
Hole Size Constraint (Min=0.0254mm) (Max=4mm) (All)	0

图 2-199　修改了规则后 DRC 结果

3.放置多边形铺铜区域

设计电路板时,有时为了提高系统的抗干扰性,需要设置较大面积的接地线区域(大面积接地)。多边形铺铜就可以完成这个功能,布置多边形铺铜区域的方法如下。

(1)在工作区选择需要设置多边形铺铜的 PCB 板层。

(2)单击"Wiring"工具栏中的多边形铺铜工具按钮,或者在主菜单中执行"Place"→"Polygon plane"命令。按下"Tab"键,打开如图 2-200 所示的"Properties"面板。

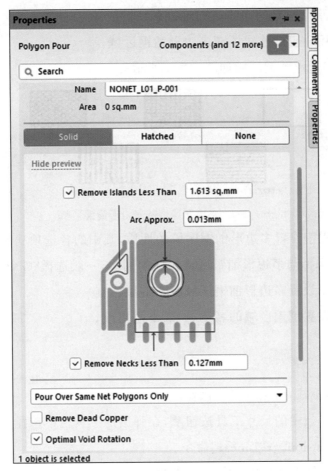

图 2-200　"Properties" 面板

如图 2-200 所示的 "Properties" 面板用于设置多边形铺铜区域的属性,其中的选项功能如下(图中只截取部分内容)。

①设置多边形铺铜区域内的形状。

"Solid":表示铺铜区域是实心的。

"Hatched":表示铺铜区域是网状的。

"None":表示铺铜区域无填充,仅有轮廓、外围。

②"Track Width" 编辑框用于设置多边形铺铜区域中栅格连线的宽度。如果连线宽度比栅格尺寸小,则多边形铺铜区域是网格状的;如果连线宽度和栅格尺寸相等或者比栅格尺寸大,则多边形铺铜区域是实心的。

③"Grid Size" 编辑框用于设置多边形铺铜区域中栅格的尺寸。为了使多边形连线的放置最有效,建议避免使用元器件管脚间距的整数倍值设置栅格尺寸。

④"Surround Pads With" 选项用于设置多边形铺铜区域在焊盘周围的围绕模式。其中,"Arcs" 选项表示采用圆弧围绕焊盘,"Octagons" 选项表示使用八角形围绕焊盘。使用八角形围绕焊盘的方式所生成的 Gerber 文件比较小,生成速度比较快。

⑤"Hatch Mode" 选项用于设置多边形铺铜区域中的填充栅格式样,其中共有 4 个选项,其功能如下。

"90 Degree" 选项表示用水平和垂直的连线栅格填充多边形铺铜区域。

"45 Degree" 选项表示用 45°的连线网络填充多边形辅铜区域。

"Horizontal"选项表示用水平的连线填充多边形铺铜区域。

"Vertical"选项表示用垂直的连线填充多边形铺铜区域。

以上各填充风格的多边形铺铜区域如图 2-201 所示。

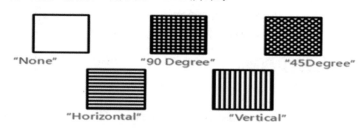

图 2-201　各填充风格的多边形铺铜区域

⑥"Properties"区域用于设置多边形铺铜区域的性质,其中的各选项功能如下。

"Net"下拉列表用于选择与多边形铺铜区域相连的网络,一般选择"GND"。

"Layer"下拉列表用于设置多边形铺铜区域所在的层。

"Name"编辑栏用于设置铺铜区域的名字,一般不用更改。

4.放置尺寸标注

(1)直线尺寸标注。

对直线距离尺寸进行标注,可进行以下操作。

①单击"Utilities"工具栏中的尺寸工具按钮▦,在弹出的工具栏中选择标准直线尺寸工具按钮⑩或者执行 "Place"→"Dimension"→"Linear"命令。

②按"Tab"键,打开如图 2-202 所示的"Linear Dimension"对话框。

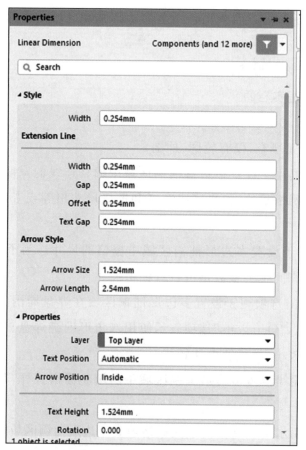

图 2-202　"Linear Dimension"对话框

如图 2-202 所示的"Linear Dimension"对话框用于设置直线标注的属性,其中的选项功能只截取部分内容。

"Style"区域用来设置尺寸延长线、箭头的相关性质,其中的选项功能如下:

"Extension Line"部分是尺寸延长线的设置,具体如下。

"Width"编辑框用来设置尺寸延长线的线宽。

"Gap"编辑框用来设置尺寸线与标注对象间的距离。

"Offset"编辑框用来设置箭头与尺寸延长线端点的偏移量。

"Text Gap"编辑框用来设置尺寸字体与尺寸线左右的间距。

"Arrow Style"部分是箭头相关设置,具体如下。

"Arrow Size"编辑框用来设置箭头长度(斜线)。

"Arrow Length"编辑框用来设置箭头线长度。

"Properties"区域用来设置直线标注的性质,其中的选项功能如下。

"Layer"下拉列表用来设置当前尺寸文本所放置的 PCB 板层。

"Text Position"下拉列表用来设置当前尺寸文本的放置位置。

"Arrow Position"下拉列表用来设置当前箭头的放置位置。

"Text Height"编辑框用来设置尺寸字体高度。

"Rotation"编辑框用来设置尺寸标注线拉出的旋转角度。

"Unit"下拉列表用来设置当前放置尺寸的单位。系统提供了"mil"、"millimeters"、"Inches"、"Centimeters"和"Automatic"共五个选项,其中"Automatic"选项表示使用系统定义的单位。

"Format"下拉列表用来设置当前尺寸文本的放置风格。在下拉列表中选择尺寸放置的风格共有 4 个选项:"None"选项表示不显示尺寸文本;"0.00"选项表示只显示尺寸,不显示单位;"0.00mil"选项表示同时显示尺寸和单位;"0.00(mil)"选项表示显示尺寸和单位,并将单位用括号括起来。

(2)标准标注。

标准标注用于任意倾斜角度的直线距离标注,可进行以下操作设置标准标注。

单击"Utilities"工具栏中的尺寸工具按钮 ,在弹出的工具栏中选择标准直线尺寸工具按钮" ",或者执行"Place"→"Dimension "→"Dimension"命令。

(3)坐标标注。

坐标标注用于显示工作区里指定点的坐标。坐标标注可以放置在任意层,坐标标注包括一个"+"字标记和位置的(X,Y)坐标,可进行如下操作布置坐标标注。

单击"Utilities"工具栏中的绘图工具按钮 ,在弹出的工具栏中选择坐标标注工具按钮"+^{10,10}",或者在主菜单中执行"Place "→"Coordinate"命令。

5.设置坐标原点

在 PCB 编辑器中,系统提供了一套坐标系,其坐标原点称为绝对原点,位于图纸的左下角。但在编辑 PCB 时,往往根据需要在方便的地方设计 PCB,所以 PCB 的左下角往往不是绝对坐标原点。

Altium Designer 提供了设置原点的工具,用户可以利用它设定自己的坐标系,方法如下。

(1)单击"Utilities"工具栏中的绘图工具按钮 ,在弹出的工具栏中选择坐标原点标注工具按钮 ,或者在主菜单中执行 "Edit"→"Origin"→"Set"命令。

(2)此时鼠标箭头变为十字光标,在图纸中移动十字光标至适当的位置,单击鼠标左键,即可将该点设置为用户坐标系的原点,如图 2-203 所示,此时再移动鼠标就可以从状态栏中了解到新的坐标值。

(3)如果需要恢复原来的坐标系,只需要执行"Edit"→"Origin"→"Reset"命令即可。

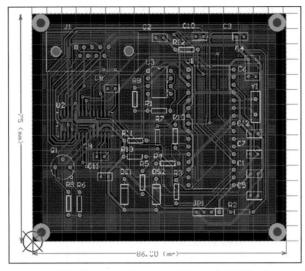

图 2-203　标注的尺寸、坐标,重置坐标原点及铺铜的 PCB 板

学习反思

以小组为单位展开学习反思,回顾整个任务的学习和操作过程,反思是否已经掌握重难点?

任务作业

结合任务的学习内容完成对之前任务的 PCB 图优化。

项目总结

　　通过本项目的学习,对 Altium Designer 有了更深层次的认识:熟悉原理图库、模型和集成库的概念;熟练掌握创建库文件包及原理图库的方法;熟练掌握创建原理图元器件的方法;熟练掌握为原理图元器件添加模型的方法;熟练掌握从其他库中复制元器件然后修改为自己需要的元器件的方法;熟练掌握创建多部件原理图元器件的方法;熟悉检查元器件并生成报表的方法;掌握 PCB 库的概念以及创建的方法;熟练掌握创建集成库的方法;熟悉掌握集成库的维护;掌握 PCB 的布线和绘制技巧。同学们能够利用软件进行复杂电路的设计了,针对本项目鼠标电路的设计,我们采用的是 USB 和 RS-232 两种接口。但是实际应用中流行的是无线鼠标,无线鼠标是指无线缆直接连接到主机的鼠标,该鼠标采用无线技术与计算机通信,从而摆脱电线的束缚。无线鼠标通常采用的无线通信方式,包括蓝牙、Wi-Fi (IEEE 802.11)、Infrared (IrDA)、ZigBee (IEEE 802.15.4)等多个无线技术标准。

　　随着无线鼠标通信技术的逐渐完善,无线鼠标逐渐代替有线鼠标,成为我们日常办公和娱乐生活的一部分。从最初的机械滚轮鼠标到光电鼠标再到激光鼠标,然后到现在应用较广泛的无线鼠标,鼠标跟随着科技进步的脚步在不断发展。

　　作为当代大学生,我们也要紧跟科技的脚步,希望大家课后查阅无线鼠标的资料,利用 Altium Designer 完成无线鼠标的设计。

项目 3

数码抢答器电路的设计

项目概述

抢答器是竞赛问答中的一种必备装置,如图 3-1 所示是一款八路抢答器,即八名选手各用一个抢答器,将编码形成锁存脉冲,通过锁存电路后送往 LED 数码管的显示和响铃模块。主持人具有手动控制开关,可以进行清零复位为下一轮抢答做准备。

图 3-1　八路抢答器

常规电路图的设计方法是将整个原理图绘制在一张原理图纸上,这种设计方法为规模较小、较简单的电路图的设计提供了方便的工具支持。但当设计大型的、复杂的电路原理图时,若将整个原理图设计在一张图纸上,就会使图纸变得过分复杂,不利于分析和检错,同时也不利于多人参与系统设计。

本项目依托 Altium Designer 软件,采用层次电路设计数码抢答器电路。八路抢答器的整体原理如图 3-2 所示。

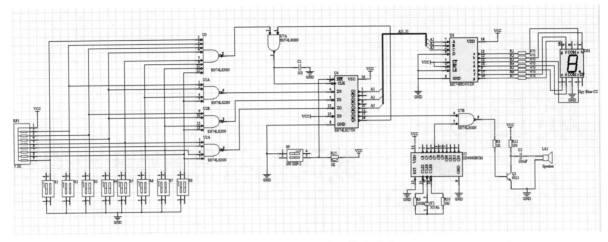

图 3-2   八路抢答器的整体原理图

本项目主要由编码、锁存、显示、响铃四个模块组成,其编码部分主要将抢答开关 K1~K8 编码为 D3~D1,以及形成锁存脉冲 LOCK。由于锁存电路主要将 D3~D1 锁存下来后送往显示和响铃模块,因此编码和锁存模块之间主要有四个连接端口,分别为编码信号 D3~D1 的连接端口以及锁存信号 LOCK 的连接端口。而锁存和显示模块之间由于采用总线连接,所以只有一个复合连接端口 A[1..3],锁存和响铃模块之间通过响铃触发信号 XL 连接。

◉ 视野之窗

"天下大事,必作于细"。执着专注、精益求精、一丝不苟和追求卓越的工匠精神,是中华民族工匠技艺世代传承的价值理念。截至 2021 年年底,我国技能劳动者超过 2 亿人,高技能人才超过 6000 万人,但无论是技能劳动者总量,还是高技能人才数量,都存在大量缺口,无法满足制造强国的现实需要。立足新发展阶段,要想实现中国制造向中国创造转变、中国速度向中国质量转变、中国产品向中国品牌转变,就必须树牢"技能强国,创新有我"的更大共识,大力弘扬工匠精神,为推动高质量发展、实施制造强国战略、全面建设社会主义现代化国家贡献智慧和力量。

◉ 项目分解

任务 3.1　数码抢答器电路原理图的设计

▷**知识目标**

(1)了解层次原理图、模块、父图(方块图)和子图的含义。

(2)掌握自上而下和自下而上这两种层次电路的设计方法。

▷**能力目标**

(1)能够进行自上而下的数码抢答电路的原理图设计。

(2)能够进行自下而上的数码抢答电路的原理图设计。

▷**素质目标**

(1)培养较强的团队意识。

(2)培养良好的沟通协作能力。

学习重点

层次电路原理图的设计。

学习难点

层次电路原理图的设计。

任务导学

对于一个庞大和复杂的电子项目的设计系统,最好的设计方式是在设计时应尽量将其按功能分解成相对独立的模块进行设计,这样的设计方法会使电路描述的各个部分功能更加清晰。同时还可以将各独立部分分配给多个工程人员,让他们独立完成,这样可以大大缩短开发周期,提高模块电路的复用性。采用这种方式设计较复杂的电子项目时,对单个模块设计的修改可以不影响系统的整体设计,提高了系统的灵活性。

(1)课前预习了解自上而下和自下而上的原理图设计方法。

(2)复习原理图元器件、元器件封装的绘制方法。

(3)课中,从疑问入手,以学生为主体,展开知识分析,重点讲解各模块子电路的绘制方法。

(4)课中,学生完成电路图绘制。

(5)教师重点就原理图绘制环节对学生进行考核,学生助教汇总本任务的考核结果。

(6)课后,学生完成信号发生器电路的层次原理图设计。

任务实施与训练

▷**问题驱动**

(1)自上而下和自下而上这两种层次电路设计方式的区别是什么?

(2)由方块图生成电路原理子图的步骤是什么?

(3)如何在方块图内设置端口?

3.1.1　层次电路设计

1.层次设计

所谓层次设计,是指将一个复杂的设计任务分成一系列有层次结构的、相对简单的电路设计任务。把相对简单的电路设计任务定义成一个模块(或方块),顶层图纸内放置各模块,下一层图纸放置各模块相对应的子图,子图内还可以再放置模块,模块的下一层再放置相应的子图,这样一层套一层,可以定义多层图纸设计。这样做还有一个好处,就是每张图纸不是很大,可以方便用小规格的打印机来打印图纸(如 A4 图纸)。

2.层次设计方式

Altium Designer 支持自上而下和自下而上两种层次电路设计方式。

自上而下设计电路,就是按照系统设计的思想,首先对系统最上层进行模块划分,设计包含子图符号的父图,标示系统最上层模块之间的电路连接关系。然后分别对系统模块图中的各功能模块进行详细设计,分别细化各个功能模块的电路实现(子图)。

自上向下的设计方法适用于较复杂的电路设计。与之相反,还有一些相对简单的电路我们可以采用另一种方法来设计,首先设计各个子模块,再将子模块连接起来,成为功能强大的上层模块。这种设计方法又称为自下而上的设计方法。

层次电路图设计的关键在于正确地传递各层次之间的信号。在层次原理图的设计中,信号的传递主要通过电路方块图、方块图输入/输出端口、电路输入/输出端口来实现,他们之间有着密切的联系。

层次电路图的所有方块图符号都必须有与该方块图符号相对应的电路图存在(该图称为子图),并且子图符号的内部也必须有子图输入/输出端口。同时,在与子图符号相对应的方块图中也必须有输入/输出端口,该端口与子图符号中的输入/输出端口相对应,且必须同名。在同一项目的所有电路图中,同名的输入/输出端口(方块图与子图)之间,在电气上是相互连接的。

本任务将以数码抢答器电路为实例,介绍使用 Altium Designer 进行层次设计的方法。将电路原理图按照功能分成编码、锁存、显示、响铃四个模块,如图 3-3 所示。

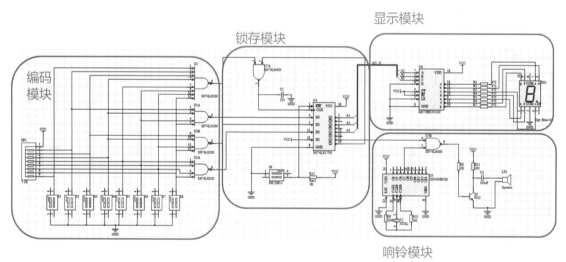

图 3-3　电路原理图的四个模块

按照层次设计的思路分成 4 张子图和一张总图,如图 3-4 至 3-8 所示。

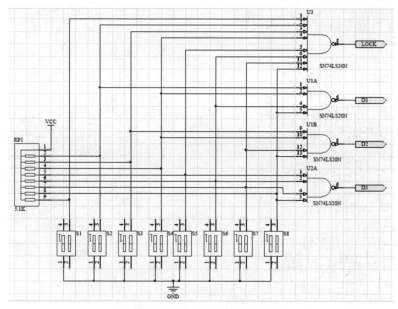

图 3-4 子图 1 编码模块电路图

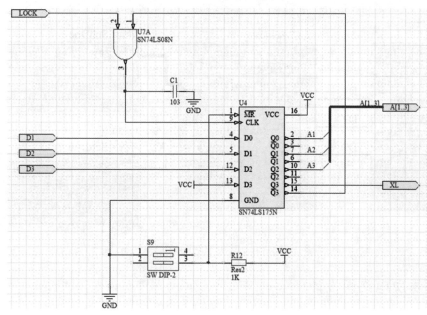

图 3-5 子图 2 锁存模块电路图

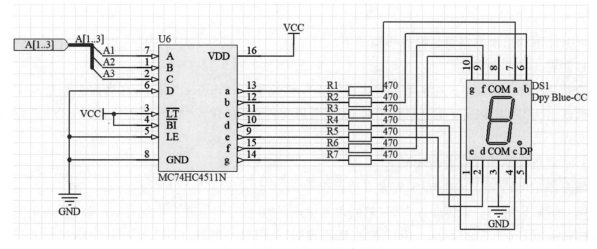

图 3-6 子图 3 显示模块电路图

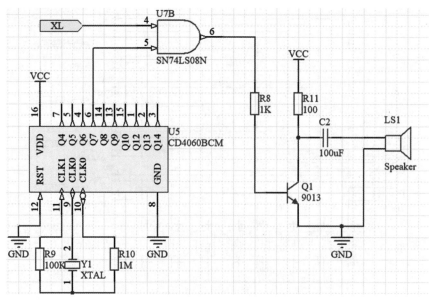

图 3-7　子图 4 响铃模块电路图

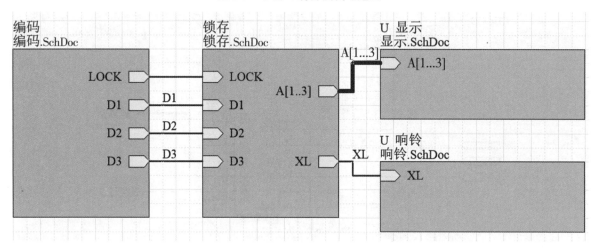

图 3-8　层次电路图总图

3.1.2 自上而下层次电路图设计

用图 3-4 子图 1 编码模块电路图和图 3-5 子图 2 锁存模块电路图,练习自上而下的层次电路设计方法。

自上而下的层次电路设计操作步骤如下。

1.建立一个项目文件

启动 Altium Designer,在主菜单中执行"File"→"New"→"Project"命令,在当前工作空间中添加一个默认名为"PCB_Project1.PrjPCB"的 PCB 项目文件,将它存为"数码抢答电路.PrjPCB"的 PCB 项目文件。

2.新建主电路图并放置方块图

画一张主电路图(如:总图)来放置方块图符号。

(1)选择"Projects"工作面板中的"数码抢答电路.PrjPCB"选项并右击鼠标,在弹出的菜单中执行"Add New to Project"→"Schematic"命令,在新建的"数码抢答电路.PrjPCB"项目中添加一个默认名为"Sheet1.SchDoc"的原理图文件。

(2)将原理图文件另存为"总图.SchDoc",用默认的设计图纸尺寸:A4。其他设置用默认值。

（3）单击"Wiring"工具栏中的添加方块图符号工具按钮 ，或者在主菜单中执行"Place"→"Sheet Symbol"命令。

（4）按"Tab"键，打开如图3-9所示的"Properties"面板。

在"Properties"面板的"Properties"区域：

"Designator"（图纸的标号）用于设置方块图所代表的图纸的名称；

"File Name"（图纸的文件名）用于设置方块图所代表的图纸的文件全名（包括文件的后缀），以便建立方块图与原理图文件的直接对应关系。

（5）在 "Designator"编辑框中输入"编码"，在"File Name"编辑框内输入"编码.SchDoc"，单击"OK"按钮，结束方块图符号的属性设置。

（6）在原理图上合适的位置单击鼠标，左键确定方块图符号的一个顶角位置。然后拖动鼠标，调整方块图符号的大小。确定方块图符号的大小后再单击鼠标左键，在原理图上插入方块图符号。

（7）目前还处于放置方块图状态，按"Tab"键，弹出"Sheet Symbol"对话框，在"Designator"处输入"锁存"，在"File Name"编辑框内输入"锁存.SchDoc"，重复步骤（6）在原理图上放置第二个方块图符号，如图3-10所示。

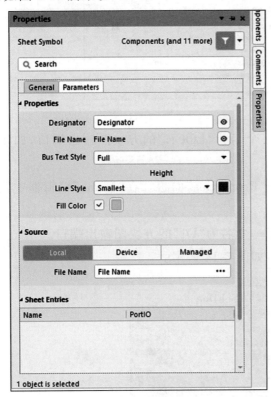

图3-9　"Properties"面板

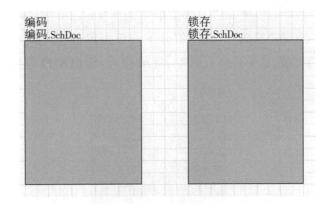

图3-10　放入两个方块图符号后的上层原理图

3.在方块图内放置端口

（1）单击工具栏中的添加方块图输入/输出端口工具按钮 ，或者在主菜单中执行"Place"→"Sheet Entry"命令。

（2）光标上"悬浮"着一个端口，把光标移入"编码"的方块图内，按"Tab"键，打开如图3-11所示的"Properties"面板。

在该对话框内，几个英文的含义如下。

Name（端口的名称）：是识别端口的标识。应将其设置为与对应的子电路图上对应端口的名称相一致。

I/O Type(端口的输入/出类型)：是表示信号流向的确定参数。它们分别是：Unspecified(未指定的)、Output(输出端口)、Input(输入端口)和 Bidirectional(双向端口)。

（3）在"Name"编辑框中输入"LOCK"作为方块图端口的名称。

（4）在"I/O"Type 下拉列表中选择"Output"选项，将方块图端口设为输出端口，如图 3-12 所示。

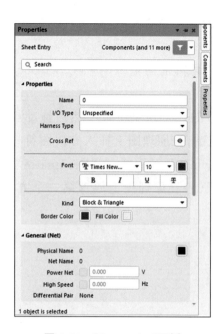

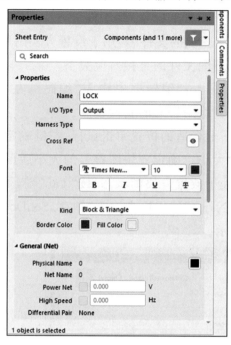

图 3-11　"Properties"面板　　　　图 3-12　在"Properties"面板内设置端口 LOCK 为输出端口

（5）在"编码"方块图符号右侧单击鼠标左键，放置一个名为"LOCK"的方块图输出端口，如图 3-13 所示。

（6）此时光标仍处于放置端口状态，按"Tab"键打开"Properties"面板。在"Name"编辑框中输入"D1"，在"I/O Type"下拉菜单中选择"Output"选项。

（7）在"编码"方块图符号下方单击鼠标左键，再放置一个名为"D1"的方块图输出端口。

（8）重复步骤（6）和（7），完成输入/输出端口的放置，如图 3-14 所示。

图 3-13　布置的方块图端口　　　　图 3-14　完成端口放置的"编码"方块图

各端口的类型如表 3-1 所示。

表 3-1　各端口的类型

方块图名称	端口名称	端口类型
编码	LOCK	Output
	D1	Output
	D2	Output
	D3	Output
锁存	LOCK	Input
	D1	Input
	D2	Input
	D3	Input
	A[1..3]	Output
	XL	Output

（9）采用步骤（1）至步骤（4）介绍的方法，在"锁存"方块图符号中添加端口，"锁存"方块图中各端口名称、端口类型如表 3-1 所示。端口放置完成后的上层原理图如图 3-15 所示。

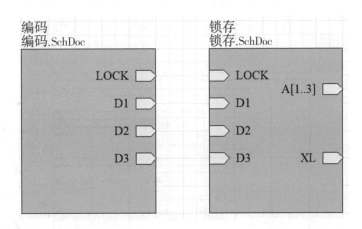

图 3-15　端口放置完成后的上层原理图

4. 方块图之间的连线（Wire）

单击工具栏上的 ≈ 按钮，或者在主菜单中执行"Place"→"Wire"命令绘制连线，完成的子图 1、子图 2 相对应的方块图编码、锁存的上层原理图如图 3-16 所示。

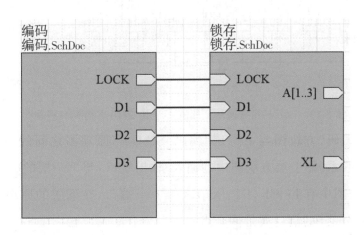

图 3-16　完成的子图 1、子图 2 相对应的方块图编码、锁存的上层原理图

5.由方块图生成电路原理子图

(1)在主菜单中执行"Design"→"Create Sheet From Sheet Symbol"命令。

(2)单击"编码"方块图符号,系统自动在"数码抢答电路.PrjPCB"项目中新建一个名为"编码.SchDoc"的原理图文件,置于"总图.SchDoc"原理图文件的下层,如图 3-17 所示。在原理图文件"编码.SchDoc"中自动布置了如图 3-18 所示的 4 个端口,该端口中的名字与方块图中端口的名字一致。

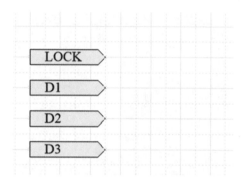

图 3-17 系统自动创建的名为"编码.SchDoc"的原理图文件   图 3-18 在"编码.SchDoc"的原理图自动生成的端口

(3)在新建的"编码.SchDoc"原理图中绘制如图 3-19 所示的原理图。该原理图即是图 3-3 所框的子图 1。

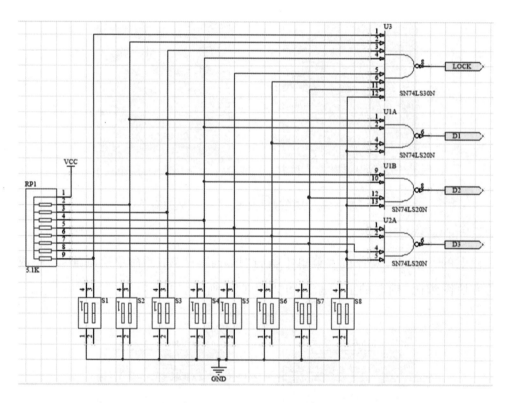

图 3-19 "编码"方块图所对应的下一层"编码.SchDoc"原理图

至此,完成了上层"编码"方块图与下一层"编码.SchDoc"原理图之间的一一对应。父层(上层)与子层(下一层)之间的联系,靠上层方块图中的输入/输出端口,与下一层的电路图中的输入/输出端口进行联系,如上层方块图中有 LOCK、D1、D2、D3 等 4 个端口,在下层的原理图中也有 LOCK、D1、D2、D3 等 4 个端口,名字相同的端口就是一个点。

现在用另一种方法来完成上层方块图"锁存"与下一层"锁存.SchDoc"的原理图之间的一一对应。

（4）单击工作窗口上方的"总图.SchDoc"文件标签,在工作窗口中将其打开。

（5）在原理图中的"锁存"方块图符号上单击鼠标右键,在弹出如图 3-20 所示的菜单中执行"Sheet Symbol Actions"→"Create Sheet From Sheet Symbol"命令。

（6）在"总图.SchDoc"文件下层新建一个名为"锁存.SchDoc"的原理图,如图 3-21 所示。

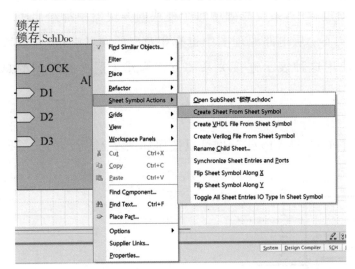

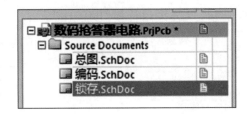

图 3-20　Create Sheet From Sheet Symbol　　　　图 3-21　新建名为"锁存.SchDoc"的原理图

（7）在"锁存.SchDoc"原理图文件中,自动建立了如图 3-22 所示的 6 个端口。

图 3-22　"锁存.SchDoc"的原理图内自动建立的 6 个端口

（8）在"锁存.SchDoc"原理图文件中,完成如图 3-23 所示的电路原理图。

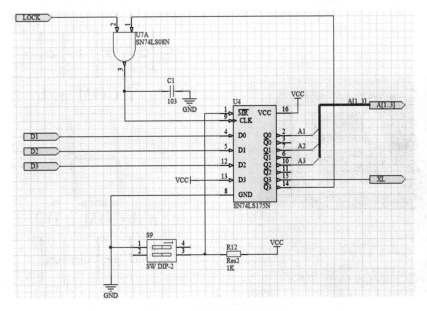

图 3-23　完成电路原理图

至此,完成了上层原理图中的"锁存"方块图与"锁存.SchDoc"下层原理图之间的一一对应。"锁存.SchDoc"原理图就是图3-3所示的原理图中的子图2。这样我们就用如图3-3所示的子图1、子图2完成了自上而下的层次电路的设计。

在主菜单中执行"File"→"Save All"命令,将新建的3个原理图文件按照其原名保存。

注意:在用层次原理图方法绘制电路原理图过程中,系统总图中每个模块的方块图中都给出了一个或多个表示连接关系的电路端口,这些端口在下一层电路原理图中也有相对应的同名端口,它们表示信号的传输方向也一致。Altium Designer 使用这种表示连接关系的方式构建了层次原理图的总体结构,层次原理图可以进行多层嵌套。

6.元器件绘制

(1)该电路中 RP1 为排阻,可选混合元器件库的"Res Pack",也可以按照如图3-24所示的元器件进行绘制,封装采用替换"DIP-16"。

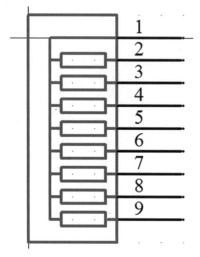

图 3-24　电阻排元器件符号

绘制元器件的关键:图形、引脚(编号、名字)和名称。

(2)数码管的实物如图3-25所示,自制元器件符号如图3-26所示,封装需要根据图3-27的尺寸自己制作,自制封装如图3-28所示。

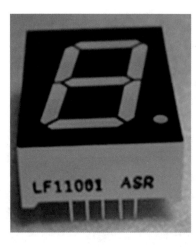

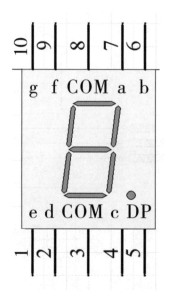

图 3-25　数码管实物　　　　　　图 3-26　自制元器件符号

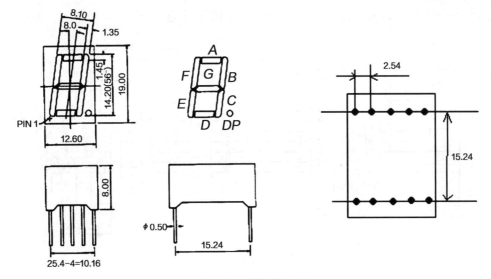

图 3-27 数码管尺寸

元器件封装制作要素:焊盘间距(可参考引脚间距),焊盘孔径,引脚粗细,图形轮廓尺寸,封装信息。

(3)按键开关外形及管脚参数如图 3-29 所示,其中管脚粗 0.5mm。自制封装如图 3-30 所示。

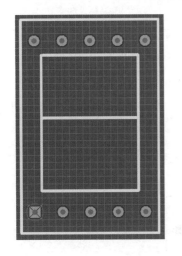

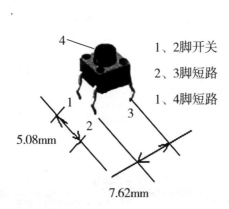

1、2脚开关

2、3脚短路

1、4脚短路

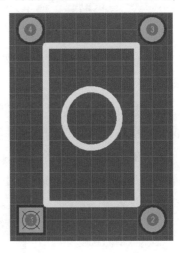

图 3-28 数码管自制封装   图 3-29 按键开关外形及管脚参数   图 3-30 按键自制封装

3.1.3 自下而上层次电路图设计

采用自下而上层次电路图设计方法完成子图 3、子图 4 的绘制。

1. 新建原理图文档

(1)在主菜单档执行"File"→"New"→"Schematic"命令,新建一个默认名称为"Sheet1.SchDoc"的空白原理图文档。将它另存为"显示.SchDoc",如图 3-31 所示。

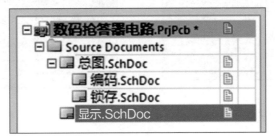

图 3-31 新建"显示.SchDoc"

（2）在"显示.SchDoc"原理图文档中绘制如图 3-32 所示的电路图。

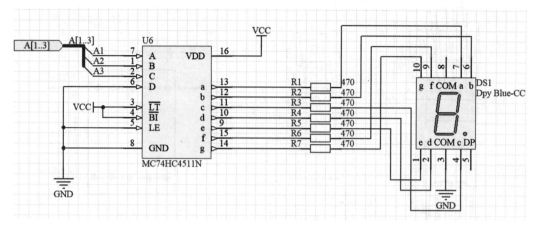

图 3-32　显示模块电路图

（3）在"显示.SchDoc"电路图中放置其他电路图连接的输入/输出端口，单击工具栏中按钮 或在主菜单栏执行"Place"→"Port"命令，鼠标上"悬浮"着一个端口，按"Tab"键弹出"Properties"面板，在"Name"编辑框输入端口的名字"A[1..3]"，在"I/O Type"下拉菜单中选择"Input"选项，单击"OK"按钮，在需要的位置放置端口即可。

2.从下层原理图生成上层方块图

（1）如果没有上层电路图文档，就要新建电路图文档。方法：在主菜单执行"File"→"New"→"Schematic"命令新建电路图文档。在本例中，已有主电路图文档"总图.SchDoc"，所以用步骤（2），打开该文档即可。

（2）单击"Projects"工作面板中的"总图.SchDoc"文件，在工作区打开该文件。注意：一定要打开该文件，并在打开该文件的窗口下，执行步骤（3）。

（3）在主菜单中执行"Design"→"Creat Sheet Symbol From Sheet or HDL"命令，打开如图 3-33 所示的"Choose Document to Place"对话框。

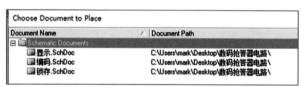

图 3-33　"Choose Document to Place"对话框

（4）在"Choose Document to Place"对话框中选择"显示.SchDoc"文件，双击该文件回到"总图.SchDoc"窗口中，鼠标处"悬浮"着一个方块图，如图 3-34 所示。在适当的位置，单击鼠标左键，把方块图放置好，如图 3-35 所示。

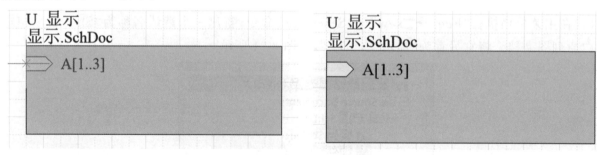

图 3-34　鼠标处"悬浮"的方块图符号　　　　　图 3-35　放置好的方块图符号

（5）完成子图 1、子图 2、子图 3 的方块图放置，如图 3-36 所示。

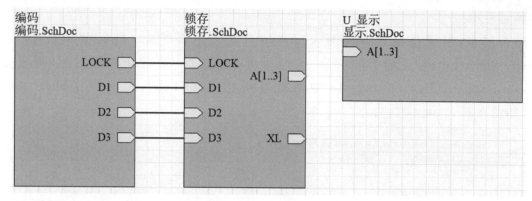

图 3-36　上层方块图

（6）采用与子图 3 同样的方法绘制子图 4 响铃模块电路图，子图 4 响铃模块电路图如图 3-37 所示，接着生成对应的方块图。

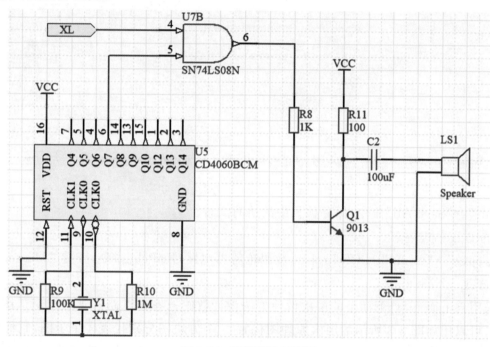

图 3-37　响铃模块电路图

3. 连线

在主电路图内连线，在连线过程中，可以用鼠标移动方块图内的端口（端口可以在方块图的上下左右四个边上移动），也可改变方块图的大小，完成后的上层方块图如图 3-38 所示。

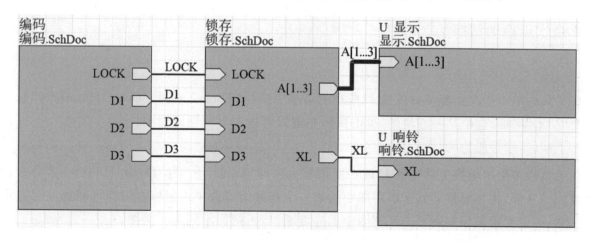

图 3-38　绘制完成的上层方块图

4.检查是否同步

检查是否同步,也就是检查方块图入口与端口之间是否匹配。执行菜单栏中"Design"→"Synchronize Sheet Entries and Ports"命令,如果方块图入口与端口之间匹配,则显示对话框"Synchronize Ports to Sheet Entries In 数码抢答器电路. PrjPcb",提示"All Sheet symbols are matched",如图 3-39 所示。

图 3-39　显示方块图入口与端口之间匹配

执行"File"→"Save All"命令,保存项目中的所有文件。

5.编译原理图

执行"Project"→"Compile PCB Project 数码抢答器电路. PrjPcb"命令,查看 "Messages"面板,根据提示进行修改。

至此,采用自上而下、自下而上的层次设计方法设计数码抢答器电路的学习结束。图 3-2 所示的电路原理图,可以用如图 3-3 所示的层次原理图代替,4 个方块图分别代表 4 个子图,它们的数据要转移到一块电路板里,设计 PCB 的过程与单张原理图相近,唯一的区别是编译原理图的时候必须在顶层。

注意:在设计层次原理图的每张子电路图时,必须把每个元器件的封装选择好,这样便于设计 PCB。

3.1.4 层次电路的切换

1.上层(方块图)→下层(子原理图)

在工具栏单击层次切换工具按钮⇅或在主菜单中执行"Tools"→"Up/Down Hierarchy"命令,光标将变成"十"字形,选中某一方块图,单击鼠标左键即可进入下一层原理图。

2.下层(子原理图)→上层(方块图)

在工具栏按层次切换工具按钮⇅或在主菜单中执行"Tools"→"Up/Down Hierarchy"命令,光标将变成"十"字形,将光标移动到子电路图中的某一个连接端口并单击鼠标左键即可回到上层方块图。

注意:一定要用鼠标左键单击原理图中的连接端口,否则回不到上一层图。

学习反思

以小组为单位展开学习反思,回顾整个任务的学习和操作过程,反思是否已经掌握重难点？并完成以下作业。

任务作业

绘制信号发生器电路。

信号发生器电路如图 3-40 所示,根据图 3-40 绘制层次原理图电路,其中方波形成电路为子图 1,三角波形成电路为子图 2。

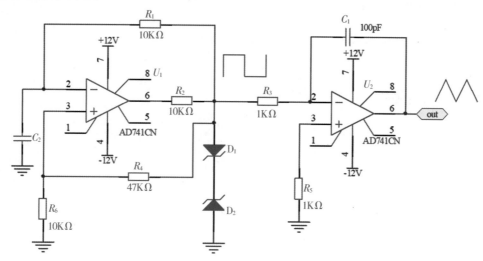

图 3-40　信号发生器电路

任务 3.2 数码抢答器电路 PCB 的设计

学习目标

▷知识目标

(1)掌握把层次原理图的数据转移到 PCB 内的方法。

(2)熟练掌握排 PCB 的方法。

▷能力目标

(1)能够把层次原理图的数据转移到 PCB 内。

(2)能够设计 PCB。

▷素质目标

(1)树立环保意识。

(2)培养诚实守信,踏实进取的态度。

学习重点

将层次原理图的数据转移到 PCB 内。

学习难点

将层次原理图的数据转移到 PCB 内。

任务导学

电路原理图绘制完成后还需要将原理图的数据转移到 PCB 中,本任务以数码抢答电路为例介绍层次电路图的 PCB 设计方法。

在一个项目里,不管是单张电路图,还是层次电路图,有时都会把所有电路图的数据转移到一块 PCB 里,所以没用的电路图子图必须删除。

(1)课前复习 PCB 的设计方法。

(2)预习层次电路图的 PCB 设计方法,思考与之前的 PCB 设计方法有无不同。

(3)课中,教师从学生疑问入手,以学生为主体,展开知识分析,讲解层次电路图的 PCB 设计方法。

(4)课中,学生完成数码抢答电路的 PCB 设计。

(5)教师重点就原理图绘制环节对学生进行考核,学生助教汇总本任务的考核结果。

(6)课后,学生完信号发生器电路的 PCB 设计。

任务实施与训练

▷问题驱动

(1)如何定义 PCB 的形状?

(2)如何检查元器件封装是否正确?

(3)布局布线操作注意事项有哪些?

3.2.1 新建 PCB 文档

用前面介绍的方法在"Projects"面板里建立一个新的 PCB,默认名为"PCB1.PcbDoc",把它另存为"数码抢答器电路.PcbDoc"。

3.2.2 设置 PCB

PCB 尺寸为"3640mil×2645mil",电气边界为"3600mil×2605mil",分别设置电源线宽度为"20mil"、地线宽度为"25mil",设置一般信号线的宽度为"10mil",四角有安装孔,设置内径为"70mil",外径为"80mil",距离边界为"100mil";电气边界和物理边界重合,如图 3-41 所示。

图 3-41　PCB 边框

3.2.3 检查元器件封装

打开封装管理器检查每个元器件的封装是否正确。执行菜单栏中"Tools"→"Footprint Manager"命令,弹出"Footprint Manager-[数码抢答器.PrjPcb]"对话框,如图 3-42 所示,在该对话框内,检查所有元器件的封装是否正确。

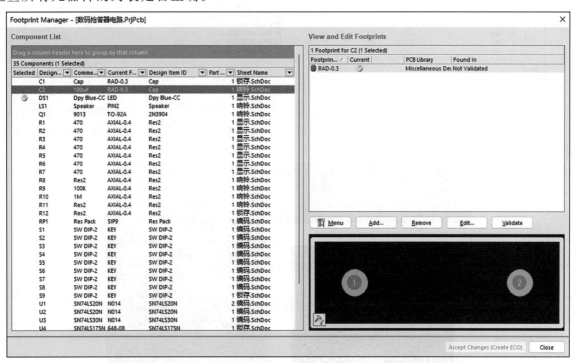

图 3-42　"Footprint Manager-[数码抢答器.PrjPcb]"对话框

3.2.4 更新 PCB

执行"Design"菜单下的"Update PCB Document 数码抢答器电路.PcbDoc"命令,出现如图 3-43 所示的"Engineering Change Order"对话框。

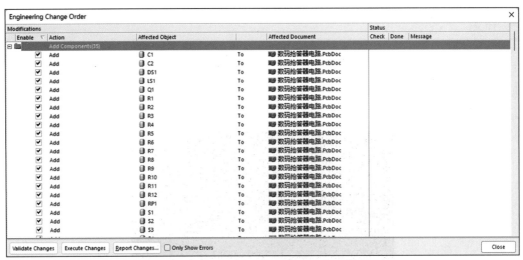

图 3-43　"Engineering Change Order"对话框

单击"Validate Changes"按钮验证有无不妥之处,程序将验证结果反映在对话框中,如图 3-44 所示。

图 3-44　验证结果

在图 3-44 中,如果所有数据转移都顺利,没有错误产生,则单击"Execute Changes"按钮执行真正的操作,然后单击"Close"按钮关闭此对话框,原理图的信息将转移到"数码抢答器电路.PcbDoc"PCB上,如图 3-45 所示。

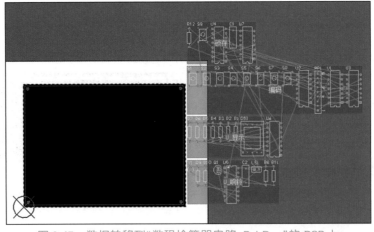

图 3-45　数据转移到"数码抢答器电路.PcbDoc"的 PCB 上

3.2.5 布局和布线

在图 3-45 中包括 4 个零件摆置区域(上述设计的 4 个模块电路),分别将这 4 个区域的元器件移动到 PCB 的边框内,用前面介绍的方法完成布局、布线的操作,在此不再赘述。

设计好的"数码抢答器电路.PcbDoc"的 PCB 如图 3-46 所示。

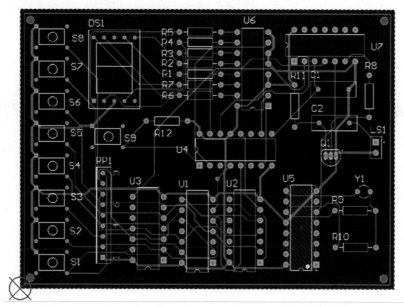

图 3-46 设计好的"数码抢答器电路.PcbDoc"的 PCB

3.2.6 验证 PCB 设计

1.执行 DRC 命令

(1)在主菜单中执行"Tools"→"Design Rule Check…"命令。

(2)单击"Run Design Rule Check…"按钮,启动设计规则测试。设计规则测试结束后,系统自动生成检查报告网页文件。

2.查看报告并修改错误

查看检查报告,如果存在违反设计规则的问题,需要结合之前项目的讲解进行修改,直到不存在违反设计规则的问题,则系统设计成功。

学习反思

以小组为单位展开学习反思,回顾整个任务的学习和操作过程,反思是否已经掌握重难点？并完成以下练习。

任务作业

绘制完成信号发生器电路的 PCB 图。

项目总结

通过本项目的数码抢答器电路原理图设计和 PCB 设计,同学们了解了层次原理图、模块、方块图(父图)、子图的含义,掌握了自上而下和自下而上这两种层次电路的设计方法,能够进行自上而下和自下而上的数码抢答电路的原理图设计,能够把层次原理图的数据转移到 PCB 内进行 PCB 的设计。

本项目采用中小规模集成数字电路,用机械开关按钮作为控制开关,完成抢答输入信号的触发。该方案的特点是中小规模集成电路应用技术成熟,性能可靠,能方便地完成选手抢答的基本功能,但是由于系统功能要求较高,所以电路连接集成电路相对较多,而且过于复杂,并且制作过程中工序比较烦琐,使用不太方便。

课后希望大家能够结合学习的 PCB、单片机和传感器等专业知识采用单片机 80C51 作为控制核心来设计数码抢答器电路,完成运算控制、信号识别以及显示等功能,同时在 Altium Designer 中完成所设计的原理图和 PCB 图的绘制。

项目 4

多路滤波器电路的设计

项目概述

在电子技术中,我们研究的主要对象是信号,一切的电子产品中传输及处理的都是信号,对于信号的处理、传送及抑制干扰,常常要使用一种叫滤波器的装置。滤波器(见图 4-1)能够过滤一部分对我们无用的谐波,使有用的信号得以通过,这样可以达到去除干扰、筛选有用信号的目的。

图 4-1　滤波器

本项目我们以简单的 RC 多路滤波器电路为载体,依托 Altium Designer 软件设计一个可以从多条通路同时通过滤波的多路滤波器电路。知识与技能涵盖多通道电路设计的含义、多通道电路设计的方法;学生能力的考察重点包括多路滤波器的原理图设计、多路滤波器的 PCB 设计、PCB 项目相关文件的输出能力几项。

其原理图如图 4-2 所示,PCB 图如图 4-3 所示。

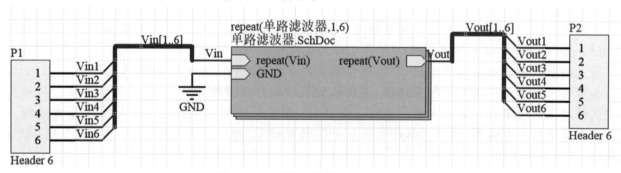

图 4-2　RC 多路滤波器电路的原理图

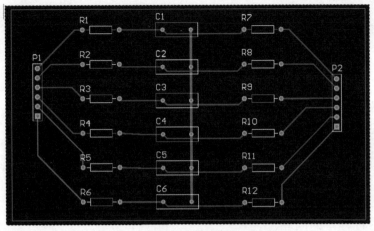

图 4-3　多路滤波器电路的 PCB 图

设计一个简单的 RC 多路滤波器,设计过程中练习使用 Altium Designer 软件设计六通道多路滤波器的原理图及 PCB 图,PCB 尺寸自己设定,PCB 采用双面板布线,线宽为 30mil。

视野之窗

"工匠精神"包括追求突破、追求革新的创新内蕴。古往今来,热衷于创新和发明的工匠们一直是世界科技进步的重要推动力量。新中国成立初期,我国涌现出一大批优秀的工匠,如倪志福、郝建秀等,他们为社会主义建设事业做出了突出贡献。改革开放以来,"汉字激光照排系统之父"王选、比亚迪股份有限公司创使人王传福、从事高铁研制生产的铁路工人和从事特高压、智能电网研究运行的电力工人等都是"工匠精神"的优秀传承者,他们让"中国创新"重新影响了世界。

作为当代大学生,我们要不断学习、不断总结、不断研究外部环境的变化、不断对自己提出新挑战,紧跟时代的发展。我们要在创新中提升、在提升中创新,在创新中发展、在发展中创新。

项目分解

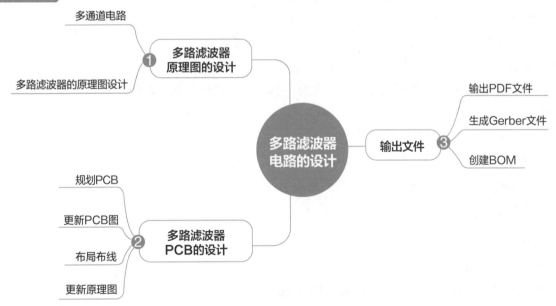

多路滤波器原理图的设计

学习目标

▶知识目标

(1)了解多路滤波器电路的应用。

(2)了解多通道设计方法的含义。

(3)熟练掌握多通道电路原理图的设计方法。

▶能力目标

(1)能够进行多通道电路原理图设计。

(2)能够解决绘图过程中的问题。

▶素质目标

(1)树立大局意识。

(2)培养勇于突破、追求革新的精神。

学习重点

掌握多通道电路原理图的设计方法。

学习难点

多通道电路原理图的设计方法。

任务导学

滤波器可以对电源线中特定频率的频点或该频点以外的频率进行有效滤除,从而得到一个特定频率的电源信号,或消除一个特定频率后的电源信号。滤波器在现实中有十分丰富的应用,利用滤波器的选频作用,可以滤除干扰噪声或进行频谱分析。

(1)通过课前预习,了解多通道滤波器的原理图设计要点。

(2)了解绘制多通道滤波器原理图的方法,把疑问记入讨论焦点。

(3)课中,教师从学生的疑问入手,以学生为主体,展开知识分析,重点以示例教学的方式讲述软件的使用。

(4)课中,学生完成原理图绘制。

(5)教师重点就原理图绘制环节对学生进行考核,学生助教汇总本任务的考核结果。

(6)课后,学生完成键盘编码电路原理图的设计。

任务实施与训练

▶问题驱动

(1)什么是多通道电路?

(2)Altium Designer 中多通道电路设计的优点有哪些?

4.1.1 多通道电路

在进行电路设计时会遇到很多一模一样的电路,特别是驱动电路,这就是多通道电路。多通道电路设计时会遇到诸多问题:这种电路原理图显得繁复,可读性差;在设计 PCB 时需要重复布局、重复布线,操作过程不仅枯燥乏味,也容易出错且电路不美观;由于 PCB 布局一致性差,导致硬件测试时每个部分都要重复测试,耗时又烦琐;重复复制原理图会显得冗杂,PCB 也会重复布局和布线,效率低下。

4.1.2 多路滤波器的原理图设计

设计原理图和 PCB 的过程中,有一种专门针对这类电路的设计方法——多通道电路设计。简单地说,多通道设计就是把重复电路的原理图当成一个原件,在另一张原理图里面重复使用,这样就可以大大提高工作效率。有点类似我们写程序的时候,把一段经常用的代码,封装为一个函数,这样可以减少重复劳动且增加可读性。

Altium Designer 支持多通道设计,简化具有多个完全相同的子模块电路的设计工作。本任务将通过六路滤波器的设计介绍多通道电路的设计方法。

如图 4-4 所示为一个六通道多路滤波器的设计电路原理图。

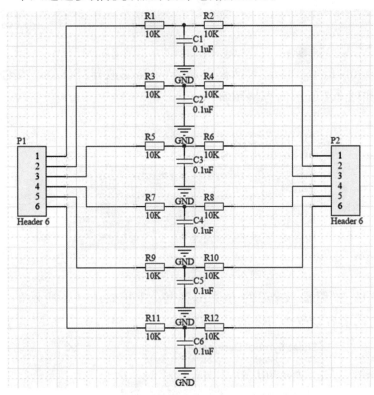

图 4-4　六通道多路滤波器的设计电路原理图

1.新建项目

启动 Altium Designer,创建名称为"多路滤波器.PrjPcb"的项目。

2.新建单路滤波器文档

(1)在"多路滤波器.PrjPcb"的项目中新建一个空白原理图文档,把它另存为"单路滤波器.SchDoc"。

(2)在新建的空白原理图中绘制如图 4-5 所示的单路滤波器电路原理图并保存为"单路滤波器.SchDoc"。

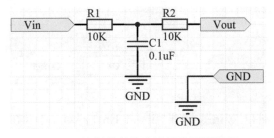

图 4-5　绘制的单路滤波器电路原理图

（3）单击通用工具栏中的"保存"工具按钮，保存原理图文件。

3.设计多路滤波器原理图

（1）选择"Projects"工作面板，在项目中再次新建一个空白原理图文档。

（2）在空白原理图文档窗口内的主菜单中执行"Design "→"Create Sheet Symbol From Sheet or HDL"命令，打开如图 4-6 所示的"Choose Document to Place"对话框。

图 4-6　"Choose Document to Place"对话框

（3）在"Choose Document to Place"对话框中选择"单路滤波器.SchDoc"文件名，单击"OK"按钮，在原理图文档中添加如图 4-7 所示的方块图符号。

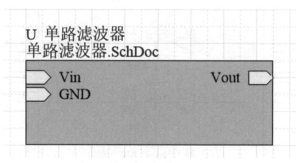

图 4-7　添加的方块图符号

（4）双击名称为"U_单路滤波器"的方块图符号，打开如图 4-8 所示的"Properties"面板，将"Designator"编辑框内的内容修改为"Repeat（单路滤波器，1,6）"，单击"OK"按钮。

图 4-8　"Properties"面板

（5）双击方块图符号中的端口"Vin"，打开"Sheet Entry"对话框，在"Name"编辑框内输入"repeat（Vin）"，单击"OK"按钮，将端口的名称改为"repeat（Vin）"。

（6）双击方块图符号中的端口"Vout"，打开"Sheet Entry"对话框，在"Name"编辑框内输入"repeat(Vout)"，然后单击"OK"按钮，将端口的名称改为"repeat(Vout)"。修改完成后的子图符号如图 4-9 所示。

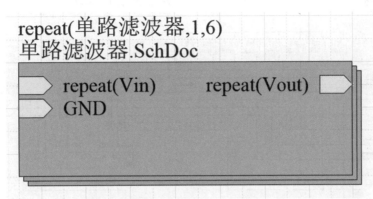

图 4-9　修改后的子图符号

将方块图符号名称修改为"repeat(单路滤波器,1,6)"，表示将如图 4-7 所示的单元电路复制了 6个。将"Vin"端口名称改为"repeat(Vin)"语句，表示每个复制的电路中的"Vin"端口都被引出来。将"Vout"端口名称改为"repeat(Vout)"语句，表示每个复制的电路中的"Vout"端口都被引出来。各通道的其他未加"repeat"语句的电路同名端口都将被互相连接起来。

（7）在原理图中添加其他元器件，绘制如图 4-10 所示的电路图。

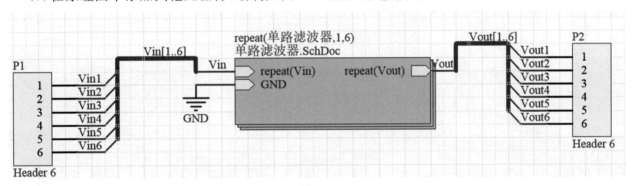

图 4-10　绘制的六通道多路滤波器电路原理图

（8）单击通用工具栏中的"保存工具"按钮，在弹出的"Save [Sheet1. schdoc] As"对话框的"文件名"编辑框内输入"多路滤波器"，单击"保存"按钮，即将电路图文件保存为"多路滤波器. SchDoc"。

4. 编译原理图

检查电路是否正确。执行"Project "→"Compile PCB Project 多通道设计. PrjPcb"命令。

如果在电路中有错误，则在"Messages"面板有提示，按提示改正错误后，重新编译；如果没有"Messages"面板弹出，表示没有错误。

至此，采用多通道技术设计的六通道多路滤波器电路原理图任务完成。将图 4-10 与图 4-4 进行比较，发现图 4-10 完全可以取代图 4-4 且图 4-10 的原理图清晰、明了、简单。所以，在一个电路系统中，如果原理图比较复杂，且具有多个重复的电路部分时，采用多通道的设计方法进行设计会很简单。

◁ **学习反思** ▷

以小组为单位开展学习反思。

在本任务的学习中，讨论焦点的问题是不是都已经释疑？你都掌握了哪些知识和技能？

任务作业

设计键盘编码电路,原理图如图 4-11 所示。

采用多通道设计方法绘制原理图,并按图中所示设置元器件参数。

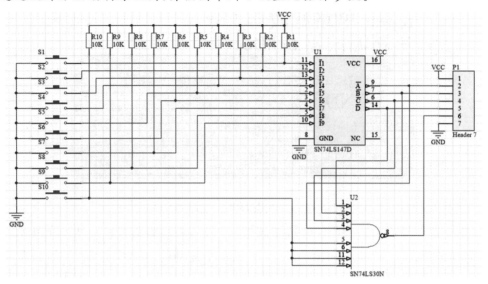

图 4-11　键盘编码电路原理图

任务 4.2　多路滤波器 PCB 的设计

学习目标

知识目标

(1)掌握元器件标号批量修改的方法。

(2)熟练掌握将多通道电路原理图的数据转移到 PCB 内的方法。

(3)熟练掌握 PCB 布局、布线的方法。

能力目标

(1)能够批量修改元器件标号。

(2)能够将多通道电路原理图的数据转移到 PCB 内。

(3)能够熟练进行 PCB 布局、布线。

素质目标

(1)树立节约意识。

(2)培养民族责任感和使命感。

学习重点

将多通道电路原理图的数据转移到 PCB 内。

学习难点

将多通道电路原理图的数据转移到 PCB 内。

任务导学

(1)课前复习 PCB 的设计方法。

(2)预习层次电路图的 PCB 设计方法,思考与之前的 PCB 设计方法有无不同。

(3)课中,教师从学生疑问入手,以学生为主体,展开知识分析,讲解层次电路图的 PCB 设计方法。

(4)课中,学生完成数码抢答电路的 PCB 设计。

(5)教师重点就原理图绘制环节对学生进行考核,学生助教汇总本任务的考核结果。

(6)课后,学生完成键盘编码电路的 PCB 设计。

任务实施与训练

问题驱动

(1)元器件的标号如何批量修改?

(2)PCB 图中修改了元器件信息如何更新到原理图中?

4.2.1　规划 PCB

1.新建 PCB 文档

用前面介绍的方法在"Projects"面板里建立一个新的 PCB,默认名为"PCB1. PcbDoc",把它另存为"多路滤波器 PCB 图. PcbDoc"。

2.确定 PCB 尺寸

这里板子的尺寸自定,如果后续发现板子尺寸不合适,可以随时调整。分别设置电源线为"20mil",地线宽度为"25mil",设置一般信号线的宽度为"10mil";四角有安装孔,设置内径为"70mil",

外径为"80mil",距离边界各"100mil"。规划好的 PCB 如图 4-12 所示。

图 4-12　规划好的 PCB

4.2.2 更新 PCB 图

1. 执行 ECO

执行"Design"→"Update PCB Document 多路滤波器.PcbDoc"命令,出现"Engineering Change Order"对话框,如图 4-13 所示。

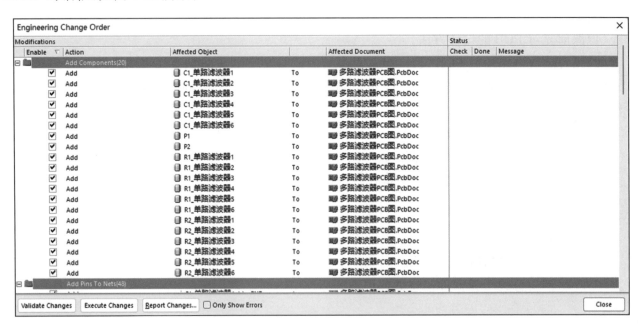

图 4-13　"Engineering Change Order"对话框

2. 验证有无错误

单击"Validate Changes"按钮验证原理图有无不妥之处,如果没有错误,所有数据都转移顺利,则单击"Execute Changes"按钮执行真正的操作。单击"Close"按钮关闭此对话框,原理图的信息就转移到"多路滤波器 PCB 图.PcbDoc" PCB 上,如图 4-14 所示。

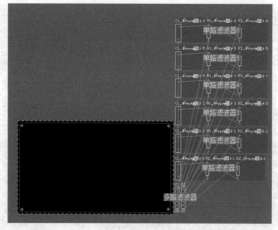

图 4-14　数据转移到"多路滤波器 PCB 图.PcbDoc"的 PCB 上

3.重新标号

从图 4-14 中可以看出,元器件的标号是乱的,所以需要重新标注 PCB 上元器件的标号。

执行菜单"Tools"→"Re－Annotate"命令,弹出图 4-15 所示的对话框,选择"4 By Descending Y Then Ascending X"选项,单击"OK"按钮。重新标注的 PCB 如图 4-16 所示,注意元器件的标号发生了改变,元器件标号按从上到下的顺序排列。

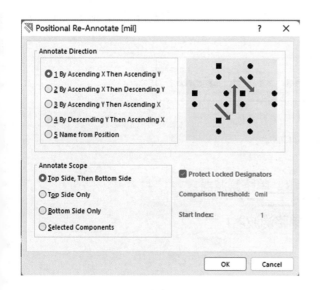

图 4-15　重新标注的对话框

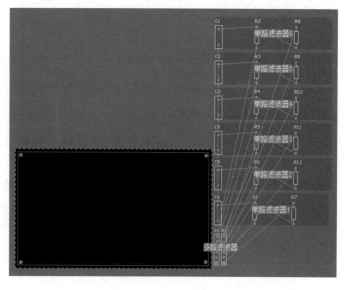

图 4-16　重新标注后的 PCB

4.2.3 布局布线

1.布局

在图 4-16 中包括 7 个元器件摆置区域(上述设计的 6 个单路滤波器电路及 1 个多路滤波器电路),分别将这 7 个区域的元器件移动到 PCB 的边框内,用前面介绍的方法完成布局,在此不再赘述。

2.布线

这里可以选择自动布线也可以选择手动布线完成布线。

完成布局、布线的电路 PCB 图如图 4-17 所示。

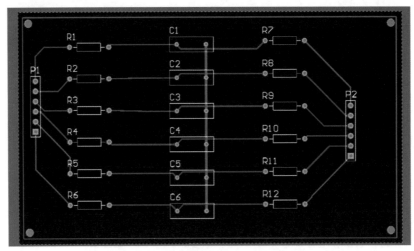

图 4-17 完成布局、布线的电路 PCB 图

4.2.4 更新原理图

由于 PCB 上元器件的标号是重新标注过的,与原理图上的标号不一致,所以需要把 PCB 上重新标注的元器件的标号信息更新到原理图上。

如图 4-10 所示的六通道多路滤波器电路原理图编译后,单路滤波器电路图自动变成了 6 张,每张原理图的标签如图 4-18 所示。

图 4-18 编译后的单路滤波器电路图的标签

(1)选择"单路滤波器 2"标签,该张电路图如图 4-19 所示。

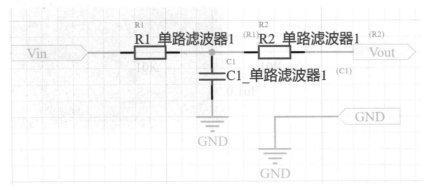

图 4-19 "单路滤波器 2"标签

注意:元器件的标号信息有一个"单路滤波器 1"。

(2)打开"多路滤波器.PcbDoc"的 PCB 图,执行菜单"Design"→"Update Schematics in 多通道设计.PrjPcb"命令,弹出"Engineering Change Order"对话框,如图 4-20 所示。

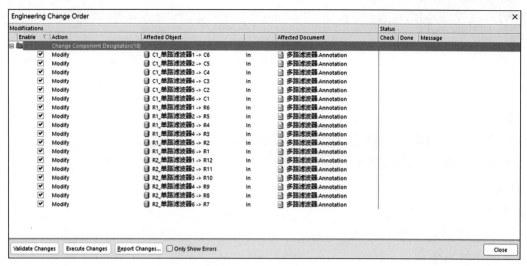

图 4-20　"Engineering Change Order"对话框

（3）单击"Validate Changes"按钮验证 PCB 图有无不妥之处,如果没有,则单击"Execute Changes"按钮执行真正的操作。单击"Close"按钮关闭此对话框,PCB 的信息就更新到原理图上了。

（4）现在单击"单路滤波器 2"标签,该张电路图如图 4-21 所示。

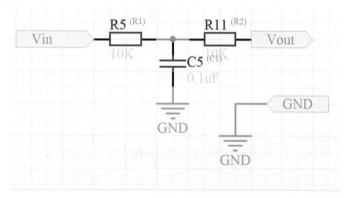

图 4-21　原理图的标号被更新

学习反思

以小组为单位开展学习反思。

在本任务的学习中,讨论焦点的问题是不是都已经释疑? 你都掌握了哪些知识和技能? 你认为最让你充满学习热情的环节是什么?

小组作品顺利成功吗? 经过了哪些检查? 你是否耐心做了故障分析与排除工作? 谈一下严谨的科学态度在学习及工作中的作用。

某同学在 Altium Designe 软件使用的过程中出现了一个不常见的软件报错,需要进行检测、故障分析及排除,你是否愿意承担该任务? 为什么? 如果你承担了该任务,那么在工作过程中,怎么去体现"工匠精神"?

如果由你来引导学习者完成该任务,你会如何设计教学?

任务作业

完成绘制键盘编码电路的 PCB 图。

要求:在 PCB 上进行合理手动布局,要求元器件布线合理。

任务4.3 输出文件

学习目标

▷知识目标

（1）了解各种输出文件的用途。

（2）熟练掌握输出 PDF 文件和生成 Gerber 文件、NC Drill 文件的方法。

（3）熟练掌握创建材料清单的方法。

▷能力目标

（1）能够输出 PDF 文件。

（2）能够生成 Gerber 文件、NC Drill 文件。

（3）能够创建材料清单。

▷素质目标

（1）养成自我管理的能力。

（2）树立职业生涯规划的意识。

学习重点

生成 Gerber 文件、NC Drill 文件。

学习难点

生成 NC Drill 文件。

任务导学

PCB 广泛应用于各个领域，几乎所有的电子设备中都包含相应的 PCB。PCB 的设计和布线完成后还需要把各种文件整理分发出来，本任务讲述了如何将文件整理分发，并进行 PCB 设计审查、制造验证和生产组装。

（1）通过课前预习，了解 PCB 的导出文件类型与导出各类文件的方法。

（2）课中，教师从学生疑问入手，以学生为主体，展开知识分析，重点以导出各类文件进行讨论。

（3）课中，学生完成 PCB 文件导出，详细记录导出过程中的错误。

任务实施与训练

▷问题驱动

（1）PCB 的导出文件类型有哪些？

（2）导出文件的用途有哪些？

（3）如何导出各类文件？

现在已经完成了基本的 PCB 的设计和布线，还需要把各种文件整理分发出来，从而进行 PCB 设计审查、制造验证和生产组装。需要输出的文件很多，有些文件是提供给 PCB 制造商生产 PCB 使用，比如 PCB 文件、Gerber 文件或者 PCB 规格书等等；而有的则是提供给工厂生产使用，比如 Gerber 文件用来开钢网，Pick 坐标文件用于自动贴片插件机，单层的测试点文件用于 ICT 设备，元器件丝印图用作生产作业文件，等等。而对于这些要求，Altium Designer 完全可以输出各种用途的文件。

这些用途区分下来就包括有以下几个方面。

1. 装配文件输出

（1）元器件位置图：显示电路板每一面上元器件 X、Y 坐标位置和原点信息。

（2）抓取和放置文件：用于元器件放置机械手在电路板上摆放元器件。

（3）3D 结构图：将 3D 结构图给结构工程师，沟通是否有高度、装配、尺寸干涉等等。

2. 文件输出

（1）文件产出复合图纸：成品板组装，包括元器件和线路。

（2）PCB 的三维打印：采用三维视图观察电路板。

（3）原理图打印：绘制设计的原理图。

3. 制作输出

（1）绘制复合钻孔图：绘制电路板上钻孔位置和尺寸的复合图纸。

（2）钻孔绘制/导向：在多张图纸上分别绘制钻孔位置和尺寸。

（3）最终的绘制图纸：把所有的制作文件合成单个绘制输出。

（4）Gerber 文件：创建 Gerber 格式的制造信息。

（5）NC Drill Files：创建能被数控钻孔机使用的制造信息。

（6）ODB＋＋：创建 ODB＋＋数据库格式的制造信息。

（7）Power-Plane Prints：创建内电层和电层分割图纸。

（8）Solder/Paste Mask Prints：创建阻焊层和锡膏层图纸。

（9）Test Point Report：创建在不同模式下设计的测试点的输出结果。

4. 网表输出

网表描述在设计上逻辑之间的元器件连接，对于移植到其他电子产品设计中是非常有帮助的，比如与 PADS2007 等其他 CAD 软件连接。

5. 报告输出

（l）Bill of Materials：为了制作板的需求而创建的一个在不同格式下部件和零件的清单。

（2）Component Cross Reference Report：在设计好的原理图基础上，创建一个组件的列表。

（3）RePort Project Hierarchy：在该项目上创建一个原文件的清单。

（4）RePort Single Pin Nets：创建一个报告，列出任何只有一个连接的网络。

（5）Simple BOM：创建文本和该 BOM 的 CSV 文件。

4.3.1 输出 PDF 文件

大部分的输出文件是在配置时使用的，在需要的时候设置输出就可以。在完成更多的设计后，用户会发现他经常为每个设计采用相同或相似的输出文件，这样一来就做了许多重复性的工作，严重影响工作效率。针对这种情况，Altium Designer 提供了一个解决办法：

Altium Designer 具备"Output Job Files"的功能，该功能使用一种接口（为" Output Job Editor"）先将各种需要输出的文件捆绑在一起，再将它们发送给各种输出方式（可以直接打印、生成 PDF 和生成其他文件）。

下面简单介绍 Altium Designer 的"Output Job Files"功能相关的操作和内容。

1. 启动 Output Job Files

打开前面设计好的电路的原理图、PCB 图等，启动"Output Job Files"功能。用户可以执行"File"→"Smart PDF …"命令，执行命令后，将出现对话框，如图 4-22 所示，在这个对话框里，仅仅是提示启动智能 PDF 向导，直接单击"Next"进入下一步骤，如图 4-23 所示。

图 4-22　智能 PDF 设置向导

图 4-23　"Choose Export Target"对话框

2．选择需要输出的目标文件范围

如图 4-23 所示的对话框主要是选择需要输出的目标文件范围，如果是仅仅要输出当前显示的文档，就选择"Current Document(PCB1.PcbDoc)"选项；如果是要输出整个项目的所有相关文件，就如图 4-23 所示选择"Current Project(多路滤波器.PrjPcb)"选项，单击"Next"进入下一步骤，如图 4-24 所示。

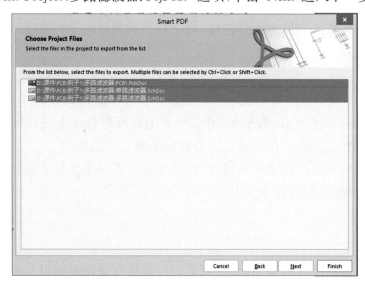

图 4-24　"Choose Project Files"对话框

3．详细的文件输出表

如图 4-24 所示的对话框是详细的文件输出表，用户可以通过"Ctrl＋单击"组合操作和"Shift＋单击"组合操作进行组合选择需要输出的文件。而对于非项目输出，则无此步骤。单击"Next"进入下一步骤。

4．选择输出 BOM 的类型以及选择 BOM 模板

如图 4-25 所示的对话框是选择输出 BOM 的类型以及选择 BOM 模板，Altium Designer 提供了各种各样的模板，比如：

BOM Purchase.XLT，一般用于物料采购使用较多；BOM Manufacturer.XLT，一般用于生产使用较多。

当然它还有默认的通用 BOM 格式：BOM Default Template.XLT 等等。用户可以根据自己的需要选择相应的模板，当然也可以自己做一个适合自己的模板，在本任务后续内容的 BOM 输出里面可

以看到相关的内容。单击"Next"进入下一步骤,如图 4-26 所示。

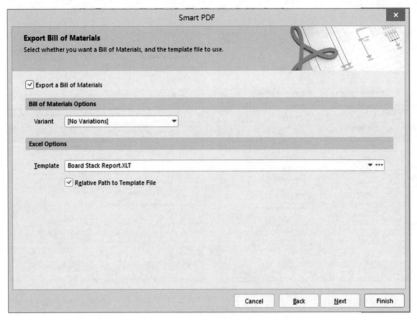

图 4-25　选择输出 BOM 的类型

5.选择 PCB 打印的层和区域打印

如图 4-26 所示的对话框主要是选择 PCB 打印的层和区域打印,在上面的打印层设置可以设置元器件的打印面,是否镜像(对于底层视图的时候需要勾选此选项,更贴近人类的视觉习惯),是否显示孔等等,下半部主要是设置打印的图纸范围,是选择整张输出还是仅仅输出一个选择的 XY 区域,比如对于模块化和局部放大就很有用处。单击"Next"进入下一步骤,如图 4-27 所示。

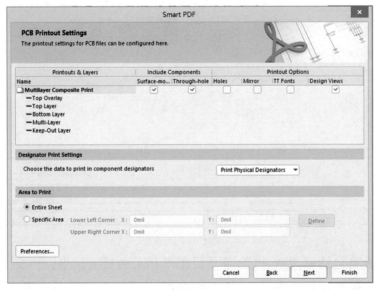

图 4-26　打印输出的层和区域设置

6.设置 PDF 的详细参数

如图 4-27 所示的对话框主要是设置 PDF 的详细参数,比如输出的 PDF 文件是否带网络信息,元器件,元器件引脚等书签,以及 PDF 的颜色模式(彩色打印,单色打印,灰度打印等)。单击"Next"进入下一步骤,如图 4-28 所示。

7.完成 PDF 输出的设置

出现如图 4-28 所示的对话框就已经完成了 PDF 输出的设置,其附带的选项为提示是否在输出 PDF 后自动查看文件,是否保存此次的设置配置信息,方便后续的 PDF 输出可以继续使用此类的配置。

在用户完成上述输出 PDF 设置向导后，单击"Finish"按钮，示例文件所输出的 PDF 文件包如图 4-29所示。

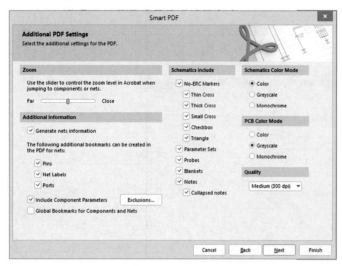

图 4-27　设置 PDF 的详细

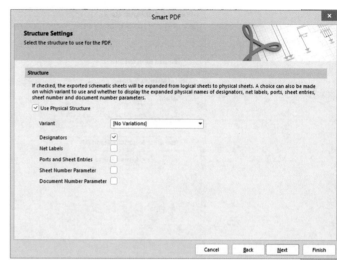

图 4-28　完成 PDF 设置

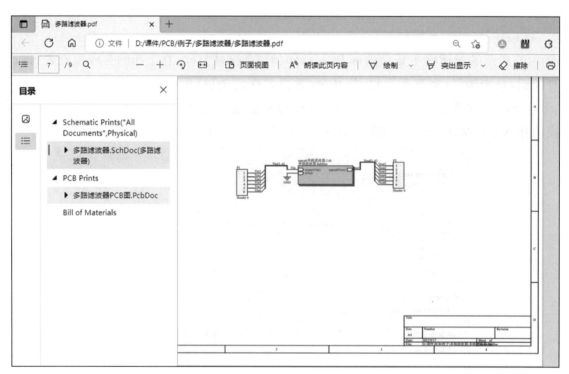

图 4-29　输出的 PDF 的文件包

用户可以清晰地看见包括原理图、PCB 各单层图等相关的所有信息。

虽然上述输出的文件也比较全面，但还是不完整，在许多的特定的场合需要的文件依然没有。在 PCB 设计完成的最后阶段，为了更好地满足设计验证、生产效率、生产要求和质量控制，下面就主要介绍如何生成各种 PCB 厂家生产、工厂工艺生产以及质量控制等所需的相关文件。

4.3.2 生成 Gerber 文件

1.Gerber 文件简单介绍

电子 CAD 文档一般指原始 PCB 设计文件，文件后缀一般为 .PcbDoc 和 .SchDoc，而对用户或企业设计部门而言，由于出于各方面的考虑，其提供给生产制造部门电路板的文件都是 Gerber 文件。

Gerber 文件是所有电路设计软件都可以产生的一种文件格式,在电子组装行业又称为"模板文件",在 PCB 制造业又称为"光绘文件"。可以说 Gerber 文件是电子组装业中最通用、最广泛的文件格式。

由 Altium Designer 产生的 Gerber 文件的各层扩展名与 PCB 原来各层的对应关系如表 4-1 所示。

表 4-1　Gerber 文件的各层扩展名与 PCB 原来各层的对应关系

AD 文件	Gerber 文件	AD 文件	Gerber 文件
顶层 Top (copper) Layer	.GTL	底层 Bottom (copper) Layer	.GBL
中间信号层 Mid Layer 1,2 …30	.G1,.G2…G30	内电层 Internal Plane Layer 1,2 …16	.GP1,.GP2…GP16
顶丝印层 Top Overlay	.GTO	底丝印层 Bottom Overlay	.GBO
顶掩膜层 Top Paste Mask	.GTP	底掩膜层 Bottom Paste Mask	.GBP
Top Solder Mask	.GTS	Bottom Solder Mask	.GBS
Keep-Out Layer	.GKO	Mechanical Layer 1,2…16	.GM1,.GM2…GM16
Top Pad Master	.GPT	Bottom Pad Master	.GPB
Drill Drawing,Top Layer-Bottom Layer (Through Hole)	.GD1	Drill Drawing,other Drill (Layer) Pairs	.GD2,.GD3…
Drill Guide,Top Layer-Bottom Layer (Through Hole)	.GG1	Drill Guide,other Drill (Layer) Pairs	.GG2,.GG3…

2. 用 Altium Designer 输出 Gerber 文件

(1)执行"File"→"Fabrication Outputs"→"Gerber Files"命令,打开设置对话框,如图 4-30 所示。

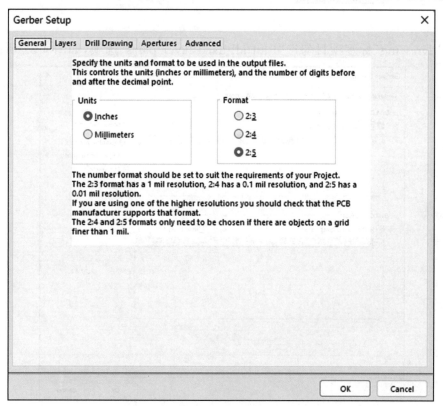

图 4-30　设置对话框

在如图 4-30 所示的普通"General"标签下面,用户可以选择输出的单位是英寸或是公制,格式有 2∶3、2∶4、2∶5 三种,这三种选择同样对应了不同的 PCB 生产精度,一般普通的用户可以选择2∶4, 当然有的设计对尺寸要求高些,用户也可以选择 2∶5。

（2）单击"Layers"标签,用户可以进行 Gerber 绘制输出层设置,首先单击"Plot Layers"按钮,并 选择"Used On"选项。最后单击"Mirror Layers"按钮,并选择"All Off"选项。然后在"Mechanical Layer(s) to Add to All Plots"标签项选择 PCB 绘图所用外形的机械层,如图 4-31 所示。当然在这里 用户也可以根据需要或者 PCB 的要求来决定一些特殊层是否需要输出,比如单面板、双面板和多层 板等等。

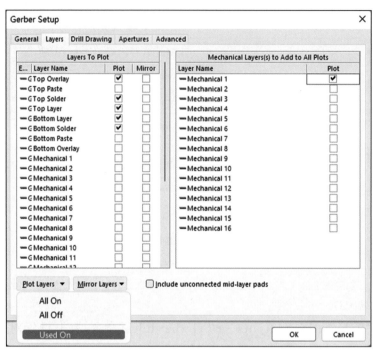

图 4-31 Gerber 绘制输出层设置

（3）在"Drill Drawing"标签项目勾选"Plot all used layer pairs"选项,如图 4-32 所示。

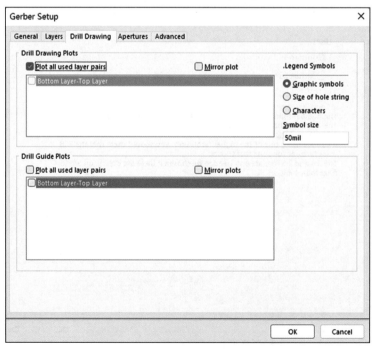

图 4-32 Gerber 钻孔输出层设置

（4）对于其他选择项目用户可以采用默认值，不用去做设置，直接单击"OK"按钮退出设置对话框，Altium Designer 将开始自动生成 Gerber 文件，并且同时进入"CAM"编辑环境，如图 4-33 所示，并显示出用户刚才所生成的 Gerber 文件。

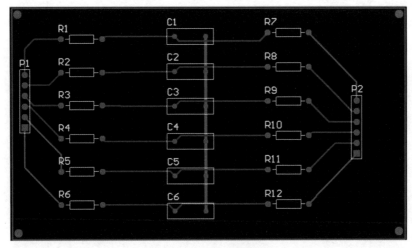

图 4-33 CAM 编辑环境

（5）此时，用户可以进行检查，如果没有问题就可以导出 Gerber 文件了。先选择"File"菜单中的"Export"选项，再选择"Gerber"选项，然后在弹出的对话框里面选择"RS-274-X"选项，单击"OK"按钮就导出 Gerber 文件了，如图 4-34 所示。

（6）此时用户可以查看刚才生成的 Gerber 文件，在"我的电脑"PCB 位置的文件夹中可以看见新生成的 Gerber 文件，如图 4-35 所示。

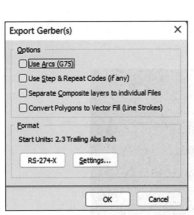

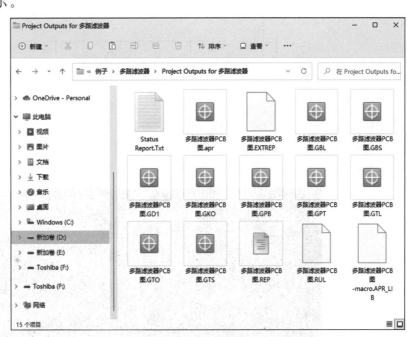

图 4-34 Gerber 导出　　　　　　　　　　图 4-35 Gerber 输出文件清单

（7）现在我们还需要导出钻孔文件。用户重新回到 PCB 编辑界面，执行"File"→"Fabrication Outputs"→"NC Drill Files"命令，弹出"NC Drill Setup"对话框，如图 4-36 所示。

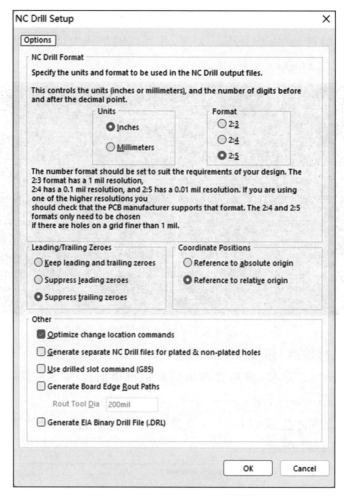

图 4-36　"NC Drill Setup"对话框

　　用户可以选择输出的单位是英寸或是公制,格式有 2∶3、2∶4、2∶5 三种,这三种选择同样对应了不同的 PCB 生产精度:一般普通的用户可以选择 2∶4;当然有的设计对尺寸要求高些,用户也可以选择 2∶5。注意:此处的单位和格式的选择必须和 Gerber 文件的单位和格式的选择一致,否则厂家生产的时候叠层会出现问题。其他设置选择默认即可,然后在弹出的对话框中单击"OK"按钮,确认后就出现了"CAM"的输出界面,此时便生成了钻孔文件,如图 4-37 所示。

图 4-37　"CAM"的输出界面

4.3.3 创建 BOM

1. BOM 定义

BOM 为 Bill of Materials 的简称，也叫材料清单，它是一个很重要的文件，在物料采购、设计验证样品制作、批量生产等都需要这个材料清单。可以用 SCH 文件创建 BOM，也可以用 PCB 创建 BOM。

2. BOM 的创建方法

这里简单介绍用 PCB 创建 BOM 的方法。

（1）执行 "Reports"→"Bill of Materials"命令，弹出 "Bill of Materials For PCB Document[多路滤波器 PCB 图.PcbDoc]"对话框，如图 4-38 所示。

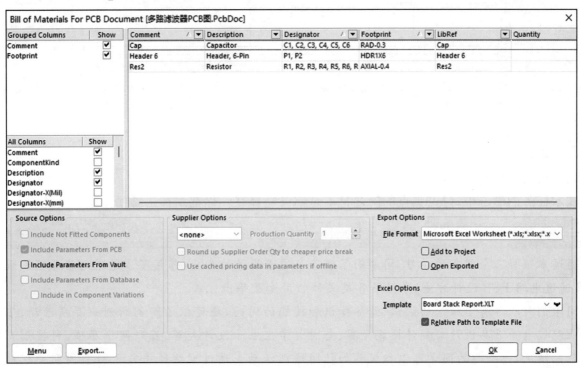

图 4-38　"Bill of Mater iols For PCB Document[多路滤波器 PCB 图.PcbDoc]"对话框

使用此对话框建立自己的 BOM。在用户想要输出到报告的每一栏中都选中 "Show" 复选框。从 "All Columns" 清单选择并拖动标题到 "Grouped Columns" 清单，以便在 BOM 中按该数据类型将元器件进行分组。例如，若要以封装进行分组，则在 "All Columns" 中选择 "Footprint" 选项，并将其拖拽到 "Grouped Columns" 清单，该报告将据此进行分类。

（2）在 "Export Options" 项可以选择文件的格式，可以用 XLS 的电子表格或是 TXT 的文本样式。在 "Export Options" 项里面可以选择相应的 BOM 模板，软件自己附带包括很多种输出，比如设计开发前期的简单 BOM 样式（BOM Simple.XLT），样品的物料采购 BOM 样式（BOM Purchase.XLT），生产用 BOM 样式（BOM Manufacturer.XLT），普通的默认 BOM 样式（BOM Default Template.XLT）等，当然用户也可以做一个适合自己的 BOM 模板，做 BOM 模板的时候注意变量名称即可。在 "Supplier Options" 可以选择数量从而自动计算 BOM 里面物料的需求用量。

（3）单击 "Export…" 按钮，弹出保存文件对话框，选择正确的路径保存即可。打开该文件，如图 4-39 所示。

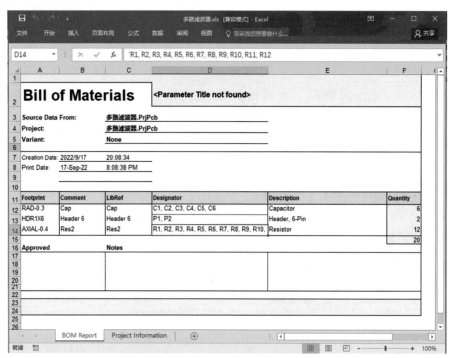

图 4-39　输出的 BOM 例子

《学习反思》

以小组为单位开展学习反思。

在本任务的学习中,讨论焦点的问题是不是都已经释疑?你都掌握了哪些知识和技能?

项目总结

通过本项目三个任务的学习,同学们了解了多通道设计的含义,掌握了多通道电路原理图设计方法、多通道电路 PCB 设计方法,学习了各类文件的用途及导出方式。

同学们对软件有了深入的认识,储备知识和技能的同时,还可以了解创新创业赛项活动、了解全国职业院校电子产品设计与制作技能大赛、全国大学生电子设计大赛、互联网+赛项、科技创新赛项等的基本情况,感兴趣的同学可以积极参加社团培训活动。通过网络等手段了解全国职业院校电子产品设计与制作技能大赛赛项规程部分内容,通过对赛项规程的了解,可以做好自己的大学生活规划,同时以兴趣为主导,完成学习,并取得优异的成绩。

序号	元器件名称	封装名称	原理图符号及库	PCB封装形式及库
1	Battery 直流电源	BAT-2	BT? Battery Miscellaneous Devices. IntLib	Miscellaneous Devices PCB. PcbLib
2	Bell 铃	PIN2	LS? Bell Miscellaneous Devices. IntLib	Miscellaneous Connector PCB. PcbLib
3	Bridge1 二极管整流桥	E-BIP-P4/D	D? Bridge1 Miscellaneous Devices. IntLib	Bridge Rectifier. PcbLib
4	Bridge2 集成块整流桥	E-BIP-P4/x	D? 2 AC AC 4 1 V+ V- 3 Bridge2 Miscellaneous Devices. IntLib	Bridge Rectifier. PcbLib
5	Buzzer 蜂鸣器	PIN2	LS? Buzzer Miscellaneous Devices. IntLib	Miscellaneous Connector PCB. PcbLib

序号	元器件名称	封装名称	原理图符号及库	PCB 封装形式及库
6	Cap 无极性电容	RAD-0.3	C? Cap Miscellaneous Devices.IntLib	Miscellaneous Devices PCB.PcbLib
7	Cap Poll 极性电容	RB7.6-15	C? + Cap Poll 100pF	
8	Electro 1 电解电容	RB-.2/.4	+ C? ELECTRO1 （99）Miscellaneous Devices.Lib	（99）Miscellaneous.ddb
9	Cap Semi 贴片电容	C3216-1206	C? Cap Miscellaneous Devices.IntLib	Miscellaneous Devices PCB.PcbLib
10	D Zener 稳压二极管	DIODE-0.7	D? D Zener	Miscellaneous Devices PCB.PcbLib
11	Diode 二极管	DSO0C2/X	D? Diode Miscellaneous Devices.IntLib	Small Outline Diode-2 C-Bend Leads.PcbLib
12	Dpy RED-CA 数码管	DIP10	DS? Dpy Red-CA Miscellaneous Devices.IntLib	Miscellaneous Devices PCB.PcbLib

序号	元器件名称	封装名称	原理图符号及库	PCB 封装形式及库
13	Fuse 2 熔断器	PIN-W2/E	F? **Fuse 2** Miscellaneous Devices. IntLib	Miscellaneous Devices PCB. PcbLib
14	Inductor 电感	C1005-0402	L? Inductor **10mH** Miscellaneous Devices. IntLib	Miscellaneous Devices PCB. PcbLib
15	JFET-P 场效应管	CAN-3/D	Q? **JFET-P** Miscellaneous Devices. IntLib	Vertical，Single-Row，Flange Mount with Tab. PcbLib
16	Jumper 跳线	RAD-0.2	W? **Jumper** Miscellaneous Devices. IntLib	Miscellaneous Devices PCB. PcbLib
17	Header5 单排插针	HDR1X5	JP? 1 2 3 4 5 **Header 5** Miscellaneous Connectors. IntLib	Miscellaneous Connector PCB. PcbLib
18	Lamp 灯	PIN2	DS? **Lamp** Miscellaneous Devices. IntLib	Miscellaneous Connector PCB. PcbLib

序号	元器件名称	封装名称	原理图符号及库	PCB 封装形式及库
19	LED1 发光二极管	LED-1	DS? 1 ▶| 2 LED1 Miscellaneous Devices. IntLib	Miscellaneous Devices PCB. PcbLib
20	MHDR2×4 双排插针	MHDR2×4	JP? 1 2 3 4 5 6 7 8 MHDR2X4 Miscellaneous Connectors. IntLib	Miscellaneous Connector PCB. PcbLib
21	Mic2 麦克风	DIP2	MK? Mic2 Miscellaneous Devices. IntLib	Miscellaneous Connector PCB. PcbLib
22	Motor Servo 伺服电机	RAD-0.4	B? Motor Servo Miscellaneous Devices. IntLib	Miscellaneous Devices PCB. PcbLib
23	NPN 三极管	BCY-W3	Q? NPN Miscellaneous Devices. IntLib	Cylinder with Flat Index. PcbLib

续表

序号	元器件名称	封装名称	原理图符号及库	PCB 封装形式及库
24	Op Amp 运放	CAN-8/D	Miscellaneous Devices. IntLib	CAN-Circle pin arrangement. PcbLib
25	Phonejack2 插孔	PIN2	Miscellaneous Connectors. IntLib	Miscellaneous Connector PCB. PcbLib
26	Photo PNP 感光三极管	SFM-T2/X	Miscellaneous Devices. IntLib	Vertical，Single-Row，Flange Mount with Tab. PcbLib
27	Photo Sen 感光二极管	PIN2	Miscellaneous Devices. IntLib	Miscellaneous Connector PCB. PcbLib
28	PNP 三极管	SO-G3/C	Miscellaneous Devices. IntLib	SOT 23. PcbLib

序号	元器件名称	封装名称	原理图符号及库	PCB 封装形式及库
29	Relay SPST 继电器	DIP-P4	K? Relay-SPST Miscellaneous Devices. IntLib	DIP-Peg Leads. PcbLib
30	RES2 电阻	AXIAL-0.4	R? RES2 1K Miscellaneous Devices. IntLib	Miscellaneous Devices PCB. PcbLib
31	RPot2 电位器	VR2	R? RPot2 1K Miscellaneous Devices. IntLib	Miscellaneous Devices PCB. PcbLib
32	SCR 晶闸管	SFM-T3	Q? SCR Miscellaneous Devices. IntLib	Vertical，Single-Row，Flange Mount with Tab. PcbLib
33	Speaker 喇叭	PIN2	LS? Speaker Miscellaneous Devices. IntLib	Miscellaneous Connector PCB. PcbLib
34	SW-DIP8 对拨码开关	DIP-16	S? SW-DIP8 Miscellaneous Devices. IntLib	Dual-In-Line Package. PcbLib

序号	元器件名称	封装名称	原理图符号及库	PCB 封装形式及库
35	SW-PB 按钮	SPST-2	S? SW-PB Miscellaneous Devices. IntLib	Miscellaneous Devices PCB. PcbLib
36	SW-SPDT 单刀双掷	SPDT-3	S? SW-SPDT Miscellaneous Devices. IntLib	Miscellaneous Devices PCB. PcbLib
37	SW-SPST 开关	SPST-2	S? SW-SPST Miscellaneous Devices. IntLib	Miscellaneous Devices PCB. PcbLib
38	Trans Ideal 变压器	TRF-4	T? Trans Ideal Miscellaneous Devices. IntLib	Miscellaneous Devices PCB. PcbLib
39	Triac 双向可控硅	SFM-T	Q? Triac Miscellaneous Devices. IntLib	Vertical，Single-Row, Flange Mount with Tab. PcbLib
40	XTAL 晶振	BCY-W2/D3.1	Y? XTAL Miscellaneous Devices. IntLib	Crystal Oscillator. PcbLib

序号	元器件名称	封装名称	原理图符号及库	PCB 封装形式及库
41	L7805AC-V 三端稳压	SFM-T3/E 10.4v	U? **L7805AC-V** 1 — IN OUT — 2 GND 3 ST Power Mgt Voltage Regulator. IntLib	Vertical，Single-Row，Flange Mount with Tab. PcbLib
42	LM741CN 集成运放	DIP-8	U? 8 LM741CN NSC Operational Amplifier. IntLib	Dual-In-Line Package. PcbLib

附录2 Altium Designer错误提示解释

2.1 Error Reporting 错误报告

1. Violations associated with buses 有关总线电气错误的各类型(共 12 项)

(1)Bus indices out of range 总线分支索引超出范围。

(2)Bus range syntax errors 总线范围的语法错误。

(3)Illegal bus range values 非法的总线范围值。

(4)Illegal bus definitions 定义的总线非法。

(5)Mismatched bus label ordering 总线分支网络标号错误排序。

(6)Mismatched bus/wire object on wire/bus 总线/导线错误连接导线/总线。

(7)Mismatched bus widths 总线宽度错误。

(8)Mismatched bus section index ordering 总线范围值表达错误。

(9)Mismatched electrical types on bus 总线上错误的电气类型。

(10)Mismatched generics on bus (first index) 总线范围值的首位错误。

(11)Mismatched generics on bus (second index) 总线范围值的末位错误。

(12)Mixed generics and numeric bus labeling 总线命名规则错误。

2. Violations associated components 有关元器件符号的电气错误(共 20 项)

(1)Component implementations with duplicate pins usage 元器件管脚在原理图中重复被使用。

(2)Component implementations with invalid pin mappings 元器件管脚在应用中和 PCB 封装中的焊盘不符。

(3)Component implementations with missing pins in sequence 元器件管脚的序号出现序号丢失。

(4)Component containing duplicate sub-parts 元器件中出现了重复的子部分。

(5)Component with duplicate implementations 元器件被重复使用。

(6)Component with duplicate pins 元器件中有重复的管脚。

(7)Duplicate component models 一个元器件被定义多种重复模型。

(8)Duplicate part designators 元器件中出现标示号重复的部分。

(9)Errors in component model parameters 元器件模型中出现错误的的参数。

(10)Extra pin found in component display mode 多余的管脚在元器件上显示。

(11)Mismatched hidden pin component 元器件隐藏管脚的连接不匹配。

(12)Mismatched pin visibility 管脚的可视性不匹配。

(13)Missing component model parameters 元器件模型参数丢失。

(14)Missing component models 元器件模型丢失。

(15)Missing component models in model files 元器件模型不能在模型文件中找到。

(16)Missing pin found in component display mode 不见的管脚在元器件上显示。

(17)Models found in different model locations 元器件模型在未知的路径中找到。

（18）Sheet symbol with duplicate entries 方框电路图中出现重复的端口。

（19）Un-designated parts requiring annotation 未标记的部分需要自动标号。

（20）Unused sub-part in component 元器件中某个部分未使用。

3. Violations associated with document 有关文档的电气错误（共 10 项）

（1）Conflicting constraints 约束不一致的。

（2）Duplicate sheet symbol name 层次原理图中使用了重复的方框电路图。

（3）Duplicate sheet numbers 重复的原理图图纸序号。

（4）Missing child sheet for sheet symbol 方框图没有对应的子电路图。

（5）Missing configuration target 缺少配置对象。

（6）Missing sub-project sheet for component 元器件丢失子项目。

（7）Multiple configuration targets 无效的配置对象。

（8）Multiple top-level document 无效的顶层文件。

（9）Port not linked to parent sheet symbol 子原理图中的端口没有对应到总原理图上的端口。

（10）Sheet enter not linked to child sheet 方框电路图上的端口在对应子原理图中没有对应端口。

4. Violations associated with nets 有关网络的电气错误（共 19 项）

（1）Adding hidden net to sheet 原理图中出现隐藏网络。

（2）Adding items from hidden net to net 在隐藏网络中添加对象到已有网络中。

（3）Auto-assigned ports to device pins 自动分配端口到设备引脚。

（4）Duplicate nets 原理图中出现重名的网络。

（5）Floating net labels 原理图中有悬空的网络标签。

（6）Global power-objects scope changes 全局的电源符号错误。

（7）Net parameters with no name 网络属性中缺少名称。

（8）Net parameters with no value 网络属性中缺少赋值。

（9）Nets containing floating input pins 网络包括悬空的输入引脚。

（10）Nets with multiple names 同一个网络被附加多个网络名。

（11）Nets with no driving source 网络中没有驱动。

（12）Nets with only one pin 网络只连接一个引脚。

（13）Nets with possible connection problems 网络可能有连接上的错误。

（14）Signals with multiple drivers 重复的驱动信号。

（15）Sheets containing duplicate ports 原理图中包含重复的端口。

（16）Signals with load 信号无负载。

（17）Signals with drivers 信号无驱动。

（18）Unconnected objects in net 网络中的元器件出现未连接对象。

（19）Unconnected wires 原理图中有没连接的导线。

5. Violations associated with others 有关原理图的各种类型的错误（共 3 项）

（1）No error 无错误。

（2）Object not completely within sheet boundaries 原理图中的对象超出了图纸边框。

（3）Off-grid object 原理图中的对象不在格点位置。

6. Violations associated with parameters 有关参数错误的各种类型(共 2 项)

(1)Same parameter containing different types 相同的参数出现在不同的模型中。

(2)Same parameter containing different values 相同的参数出现了不同的取值。

2.2　Comparator 规则比较

1. Differences associated with components 原理图和 PCB 上有关元器件的不同(共 16 项)

(1)Changed channel class name 通道类名称变化。

(2)Changed component class name 元器件类名称变化。

(3)Changed net class name 网络类名称变化。

(4)Changed room definitions 区域定义变化。

(5)Changed Rule 设计规则变化。

(6)Channel classes with extra members 通道类出现了多余的成员。

(7)Component classes with extra members 元器件类出现了多余的成员。

(8)Difference component 元器件出现不同的描述。

(9)Different designators 元器件标示的改变。

(10)Different library references 出现不同的元器件参考库。

(11)Different types 出现不同的标准。

(12)Different footprints 元器件封装的改变。

(13)Extra channel classes 多余的通道类。

(14)Extra component classes 多余的元器件类。

(15)Extra component 多余的元器件。

(16)Extra room definitions 多余的区域定义。

2. Differences associated with nets 原理图和 PCB 上有关网络的不同(共 6 项)

(1)Changed net name 网络名称出现改变。

(2)Extra net classes 出现多余的网络类。

(3)Extra nets 出现多余的网络。

(4)Extra pins in nets 网络中出现多余的管脚。

(5)Extra rules 网络中出现多余的设计规则。

(6)Net class with Extra members 网络中出现多余的成员。

3. Differences associated with parameters 原理图和 PCB 上有关参数的不同(共 3 项)

(1)Changed parameter types 改变参数的类型。

(2)Changed parameter value 改变参数的取值。

(3)Object with extra parameter 对象出现多余的参数。

附录 3

常用元器件及其封装

序号	元器件名称(英文)	元器件封装
1	电阻(Res1)	AXIAL0.3-1.0(视情况而选定)
图例	Res1	AXIAL-0.3
2	电阻(Res2)	AXIAL0.3-1.0(视情况而定)
图例	Res2	AXIAL-0.4
3	电阻(Res3)	J1-0603
图例	Res3	J1-0603
4	可调电阻(Res Adj1)	AXIAL0.3-1.0(视情况而定)
图例	Res Adj1	AXIAL-0.7
5	可调电阻(Res Adj2)	AXIAL0.3-1.0(视情况而定)
图例	Res Adj2	AXIAL-0.6
6	光耦(Optoisolator1)	DIP4
图例	Optoisolator1	
7	光耦(Optoisolator2)	SOP5(6)
图例	Optoisolator2	

226

序号	元器件名称（英文）	元器件封装
8	无极性电容（Cap）	RAD0.1-0.4（视情况而定）
图例	 Cap	 RAD0.3
9	电解电容（Cap Feed）	VR3-VR5（视情况而定）
图例	 Cap Feed	 VR4
10	电解电容（Cap Pol1）	RB7.6-15
图例	 Cap Poll	 RB7.6-15
11	晶振（XTAL）	R38
图例	 XTAL	
12	保险（Fuse 1）	PIN-W2/E2.8
图例	 Fuse 1	
13	保险（Fuse 2）	PIN-W2/E2.8
图例	 Fuse 2	

序号	元器件名称(英文)	元器件封装
14	电感(Inductor)	0402-A
图例	Inductor	
15	电感(IInductor Adj)	AXIAL-0.8
图例	Inductor Adj	
16	电感(Inductor Iron)	AXIAL-0.9
图例	Inductor Iron	
17	灯(Lamp)	PIN2
图例	Lamp	
18	灯(Lamp Neon)	PIN2
图例	Lamp Neon	
19	发光二极管(LED0)	LED0-LED1
图例	LED0	LED0
20	发光二极管(LED1)	LED-1
图例	LED1	

序号	元器件名称(英文)	元器件封装
21	表头(Meter)	RAD-0.1
图例	Meter	
22	麦克风(Mic1)	PIN2
图例	Mic1	
23	麦克风(Mic2)	PIN2
图例	Mic2	
24	三极管(NPN)	TO 系列
图例	NPN	
25	达林管(NPN1)	TO 系列
图例	NPN1	
26	光敏二极管(Photo NPN)	TO 系列
图例	Photo NPN	

序号	元器件名称(英文)	元器件封装
27	运放(Op Amp)	H-08A
图例	 Op Amp	
28	扬声器(Speaker)	PIN2
图例	 Speaker	
29	双向开关(SW-DPST)	DPST-4
图例	 SW-DPST	
30	按键(SW-PB)	SPST-2
图例	 SW-PB	
31	变压器(Trans)	TRANS
图例	 Trans	

序号	元器件名称（英文）	元器件封装
32	双向可控硅（Triac）	369-03
图例	Triac	
33	二极管（Diode）	SMC
图例	Diode	
34	数码管（Dpy Blue-CA）	H
图例	Dpy Blue-CA	
35	电桥（Bridge1）	D-38
图例	Bridge1	
36	电桥（Bridge2）	D-46_6A
图例	Bridge2	

参考文献

［1］杨志忠.数字电子技术［M］.5 版.北京:高等教育出版社,2018.

［2］周润景.Altium Designer 原理图与 PCB 设计［M］.3 版.北京:电子工业出版社,2015.

［3］陈光绒.PCB 设计与制作［M］.北京:高等教育出版社,2018.

［4］谷树忠,倪红霞,张磊.Altium Designer 教程:原理图、PCB 设计与仿真［M］.北京:电子工业出版社,2014.

［5］段荣霞.Altium Designer20 标准教程［M］.北京:清华大学出版社,2020.

［6］郑振宇.Altium Designer　22(中文版)电子设计速成实战宝典［M］.北京:电子工业出版社,2022.